农业生态实用技术丛书

南方果园生草技术

NANFANG GUOYUAN SHENGCAO JISHU

农业农村部农业生态与资源保护总站　组编

李尝君　纪雄辉　李胜男　主编

中国农业出版社

北　京

图书在版编目（CIP）数据

南方果园生草技术/ 李尝君，纪雄辉，李胜男主编.
—北京：中国农业出版社，2020.5
（农业生态实用技术丛书）
ISBN 978-7-109-24943-1

Ⅰ. ①南… Ⅱ. ①李… ②纪… ③李… Ⅲ. ①果园-绿肥作物-研究 Ⅳ. ①S660.6

中国版本图书馆CIP数据核字（2018）第272642号

中国农业出版社出版
地址：北京市朝阳区麦子店街18号楼
邮编：100125
责任编辑：张德君 李 晶 司雪飞 文字编辑：陈睿赜
版式设计：韩小丽 责任校对：周丽芳
印刷：北京通州皇家印刷厂
版次：2020年5月第1版
印次：2020年5月北京第1次印刷
发行：新华书店北京发行所
开本：880mm × 1230mm 1/32
印张：4.5
字数：90千字
定价：36.00元

农业生态实用技术丛书
编 委 会

本书编写人员

主　　编	李尝君	纪雄辉	李胜男
参编人员	贺爱国	简　燕	彭　华
	田发祥	魏　维	吴家梅
	谢运河	朱　坚	

序

中共十八大站在历史和全局的战略高度，把生态文明建设纳入中国特色社会主义事业“五位一体”总体布局，提出了创新、协调、绿色、开放、共享的发展理念。习近平总书记指出：“走向生态文明新时代，建设美丽中国，是实现中华民族伟大复兴的中国梦的重要内容。”中共中央、国务院印发的《关于加快推进生态文明建设的意见》和《生态文明体制改革总体方案》，明确提出了要协同推进农业现代化和绿色化。建设生态文明，走绿色发展之路，已经成为现代农业发展的必由之路。

推进农业生态文明建设，是贯彻落实习近平总书记生态文明思想的必然要求。农作物就是绿色生命，农业本身具有“绿色”属性，农业生产过程就是依靠绿色植物的光合固碳功能，把太阳能转化为生物能的绿色过程，现代化的农业必然是生态和谐、资源可持续、环境友好的农业。发展生态农业可以实现粮食安全、资源高效、环境保护协同的可持续发展目标，有效减少温室气体排放，增加碳汇，为美丽中国提供“生态屏障”，为子孙后代留下“绿水青山”。同时，农业生态文明建设也可推进多功能农业的发展，为城市居民提供观光、休闲、体验场所，促进全社会共享农业绿色发展成果。

农业生态文明思想起源于古老的中国，中国自春秋时期就懂得用地养地的道理以及物理杀虫、人工除草等做法。农牧结合、稻田养鱼、桑基鱼塘等农业生态模式在历史上曾经极大推动了文明和经济的发展。当前，我国农业生态文明建设已进入提供更多优质生态产品以满足人民日益增长的优美生态环境需求的攻坚期，也到了有条件、有能力发展环境友好农业的窗口期。多年来，从事农业生态研究的学者和实践者扎根农业生产一线，按“整体、协调、循环、再生”的原则，围绕农业生态文明建设开展了广泛、系统的实践和研究，探索总结出了丰富多样的应用技术。

为推广农业生态技术，推动形成可持续的农业绿色发展模式，从2016年开始，农业农村部农业生态与资源保护总站联合中国农业出版社，组织数十位业内权威专家，从资源节约、污染防治、废弃物循环利用、生态种养、生态景观构建等方面，多角度、多要素、多层次对农业生态实用技术开展梳理、总结和归纳，系统构建了农业生态知识体系，编写形成了《农业生态实用技术丛书》。丛书中的技术实用、文字简洁、步骤详尽、脉络清晰，技术可推广、模式可复制、经验可借鉴，具有很强的指导性和适用性，将为广大农民朋友、农业技术推广人员、管理人员、科研人员开展农业生态文明建设和研究提供很好的参考。

张福锁

2020年4月

前言

果园经营在南方地区是较受欢迎的农业发展模式，但果园科学管理技术推广普及程度有限，经营效果并不理想，果园管理不当使果园生态环境遭到严重破坏，水土流失严重，土壤肥力逐年下降，高投肥、投药等现象普遍，导致严重的面源污染发生，威胁农业生态安全。

果园生草是指在果树株行间或全园种植有益草本作为覆盖物，是一种可持续的果园土壤管理方法。科学的果园生草管理，能培肥土壤，减少果园经营管理成本，促进果树生长，提高果实品质，减少化肥农药污染，有利于发展果园种养结合和休闲观光旅游业的经济模式，经济和生态效益显著。

在南方大力推广实施果园生草管理技术，推进生态果园、观光果园建设，将发展果园循环农业形成的现代农业形象和优美田园风光与乡村休闲旅游业相结合，可作为乡村振兴的有力抓手之一。我国于1998年引入果园生草技术，并作为绿色果品生产主要技术措施在全国推广，但推广程度并不理想。这除了受传统农耕文化、人多地少的农业现状影响，也与草种选择、生草模式与方法、生草管理利用等相关技术不成熟等因素有关。系统梳理当前南方地区不同类型果园生草和管理利用技术方法，可为我国南方果业发展助力。

本书基于已有的研究资料，对南方地区果园生草技术进行系统总结，系统地阐述了南方果园生草的草种选择、果园生草主要模式及其技术方法、果园生草养护管理办法、复合生态果园的草地利用方法等。全书共分六部分，第一部分对当前果园管理的主要误区、果园生草技术推广及其重要意义、果园生草管理的主要误区、果园生草技术的基本原则、我国主要果园生草模式及运行机制等进行了概述；第二部分系统地总结了果园生草技术对果园土壤理化性质、果园生态小气候、果园管理、果树生长及果实品质的影响；第三部分基于果园生草植物选择的基本原则，系统地分析了南方湿润地区果园生草的植物选择；第四部分主要讲述了不同草种类型的生草模式及技术、果园人工生长的栽培方法、南方不同果园类型的生草模式及技术、南方不同功能特性的生草模式及技术；第五部分介绍了果园生草的灌溉、施肥、生草及养护管理的主要机械设备；第六部分讲述南方果园生草后草地的利用方法，包括果草禽、果草畜、果草蜂、果草牧沼和果畜沼窖草复合生态果园模式。

本书在编写过程中，得到了许多专家的指导和支持，在此表示衷心感谢！由于著者水平有限，且编撰时间仓促，不妥之处在所难免，还请读者批评指正！

编　者

2019年6月

目录

一、果园生草技术的发展

果园生草是欧美国家及日本等果业生产先进国家普遍采用的土壤管理制度。本部分从传统果园管理的主要误区、果园生草技术推广及其意义、生草果园分类方面进行了阐述。

（一）传统果园管理的主要误区

1.过分除草清耕，不重视生草培土

传统果树栽培管理方法中，每年初冬果树落叶后或春季果树发芽前要深刨一次树盘，以防治杂草（图1）。整个生长季节，要多次锄草，甚至把除草效果作为果园管理优劣的主要标准。事实上，深刨树盘和铲锄杂草破坏了土层内果树的根系，使生长最活跃、吸收养分能力最强的浅层根系丧失营养获取能力。另外，清耕导致地表裸露、水土流失严重，果园肥力逐年下降，特别是山地、坡地果园，水土流失更为严重。果园清耕制实际上是违背果树自然生态规律的无效或负效耕作方式，不仅增加果园锄草的劳力和化肥投入，还可能导致水土流失、肥力下降，不利于果树

生长，最终影响果品的产量和品质。

图1　清耕后的果园

2.盲目施肥，不重视土壤健康管理

“庄稼一枝花，全靠肥当家”，但过量施肥也会适得其反。目前部分果农为了追求高产，盲目施肥，重化肥，轻有机肥，重氮、磷肥，轻钾肥，忽视微肥，施肥不平衡致使化肥利用率低，土壤综合肥力下降、板结、养分流失，农产品品质下降，增产不增收。此外，化肥大量施用，加剧了土壤板结、酸化、贫瘠化和次生盐渍化现象的发生；化肥农药过量施用和大量流失，造成严重的农业面源污染等环境问题，生态环境被破坏，如洞庭湖、太湖、鄱阳湖、洱海等南方水域均饱受水体富营养化的困扰，水体黑臭，蓝藻水华时有发生，威胁水系生态安全。改变这一现状的根本途径是调整肥料结构，注重土壤健康管理，实施测、配、产、供、施一体化，提高肥料利用率，减少不合理投入，增加农民收入。

3.重视产量提高，忽视果实品质

虽说产量提高是果农增加经济收益的重要途径，但在现代人越来越注重生活品质的背景下，消费者对果实品质的要求也越来越高。为了追求高产，过量施肥用药，导致土壤酸化、果实口感差、着色不良等，严重影响果实品质。部分果农疏花疏果时留果量偏大，导致果个小、着色差、果面粗糙，商品果率极低，且大小年现象十分严重，投入与收入不成正比。

4.过度依赖农药，不重生态健康

应用化学农药防治果树病虫害，虽然是一种药效快、效果好的防治方法，但过度依赖农药，不注重生态健康，反而有可能造成病虫害抗药性增加、病虫害失控等现象。有些果农为了及时防治病虫害，施用高残留农药，导致大量害虫天敌死亡。科学研究表明，长期使用化学农药，会使某些害虫（如红蜘蛛、卷叶蛾等）产生抗药性，致使药液浓度越用越高，防治效果越来越差；长期使用全杀性农药，容易大量杀死害虫天敌，破坏果园生态平衡，致使某些害虫猖獗；单纯使用化学农药，特别是高残留药剂，很容易污染环境，增加果实中农药的残留量，影响产品食用安全性。

（二）果园生草技术推广及其意义

1.果园生草技术的由来

果园生草是日本等果业生产先进国家普遍采用的土壤管理制度。我国果园生草技术于20世纪60年代起步，80年代在全国掀起热潮，但由于缺乏系统化、规范化研究，这项技术并没有得到大面积推广应用，土壤管理仍以清耕为主。1998年，我国将果园生草技术纳入绿色食品生产技术体系在全国推广。

2.果园生草技术的定义

果园生草技术是一种在果树行间或全园种植有益于果树生长和果园管理的植物，以提高果园经济效益的管理技术。它具有增加土壤有机质含量、蓄水保墒、培肥地力、防止水土流失、调节果园生态环境、促进果树生长发育、改善果实品质等作用。果园内种植的草可用来覆盖果园或喂养牛、羊、鹅等，再将动物粪便还田，可实现物质循环，成为发展以园养园生态农业的有效途径果园生草现已成为世界上许多国家和地区广泛采用的果园土壤管理方法之一。

3.果园生草的优势

传统果园的清耕土壤管理模式短期效果较好，但长期清耕会导致果园地力退化，生物多样性丧失，果实产量和品质下降，不利于果园可持续利用。果园生草是一种保护性耕作措施，可以有效改善果园土壤环境和小气候等，从而提高果树产量、改善果品品质，促进果园的优质可持续生产。综合国内外大量研究成果，果园生草的优势主要体现在以下几个方面：

（1）增加土壤有机质含量。长期以来，果园内化肥的连年大量使用，造成土壤板结、酸碱失衡、肥力下降。绿色作物生长旺盛，茎叶含有丰富的有机质，翻压后能有效改善土壤理化性状，提高土壤肥力。

（2）延长果树根系活动时间。果园生草在春季能提高地温，较清耕园根系进入生长期可提早15 ~ 30天；在夏季能降低地表温度，保证果树根系旺盛生长；晚秋后可增加土壤温度，延长根系活动时间1个月左右，对增加树体贮存养分、充实花芽有良好作用。冬季覆草可以减轻冻土层的厚度，提高地温，预防和减轻根系冻害。

（3）改善果园小气候。果园生草后，可使土壤温度昼夜变化或季节变化幅度减小，有利于果树根系生长和吸收养分。雨季来临时，草能吸收水分，可缩减果树淹水时间，增加土壤排涝能力；高温干旱季节，生草区地表遮盖，可显著降低土壤温度，减少地表水分蒸发，对土壤水分调节起到缓冲作用，防止或减少水土流失，促进果树生长发育。

（4）疏松土壤。果园生草覆盖和清耕比较，土壤物理性状得到改善，通气良好，透水性好，有利于蚯蚓及有益微生物的繁殖，促进土壤稳性团粒结构的形成。

（5）降低成本、提高效益。果园生草覆盖和清耕相比，可减少锄草用工。果园生草具有大面积覆盖优势，使杂草生长受到明显抑制，每年可免去2～3次中耕，大大地降低劳动强度，减少管理用工投入。另外，生草覆盖增加了土壤有机质，可减少化肥和农家肥的施用量，并提高肥料利用率。在果园生草的基础上，利用生草提供大量的饲料，发展养羊、兔、牛、猪等养殖业，将畜类粪便还园，可在果园内形成一个开放型的生态良性循环体系，有利于提高果品质量和果园综合经济效益。

（6）提高果品质量。生草果园土壤有机质含量增加，可有效提高树体抗性，减少病虫害发生，减少了农药使用量，同时增加单果质量和一级果率，以及可溶性固形物和维生素C含量，改善果品品质及增加果实耐贮性。套袋果园果实摘袋后最易受高温和干燥的影响，果面容易发生日灼和干裂纹，果园生草能有效避免以上现象发生，提高果实外观品质。

（7）优化果园生态体系。果园生草能使周围农田生态系统与果园生态系统共有天敌向果园大举迁移，从而有效控制果园生态系中的害虫数量，减少果园用药次数。随着季节的变化，其他作物陆续收获，果园周围农田生态系中的天敌大量向生草果园迁移。果园中的草为天敌的种群繁衍提供了良好的栖息环境，充分发挥了优势种天敌的作用，增强了果树对害虫的防御能力。调查结果表明，生草果园树上害虫天敌总量较对照（清耕果园）增加60%以上，地面（草丛内）害虫天敌总量较对照增加20倍以上。另外，果园生草可有效减少地表径流，防止或减轻水土流失，有利于果园水土保持，是坡耕地重要的面源污染防治措施之一。

4.果园生草的注意事项

（1）选择适宜的草种。用于果园生草的草种应选择耐阴、耐踩踏、根系发达、产草量高、用途广、管理方便的多年生豆科植物。常见的品种有白三叶、扁茎黄芪、小冠花、紫花苜蓿、毛叶苕子等。这些品种均可为果园土壤提供大量的有机质，而且具有较强的固氮作用，可为土壤补充一定氮素养分。

（2）加强肥水管理。草与果树争肥水，这一问题在生草果园前几年表现十分突出，应积极采取有效措施加以解决，关键是增强高投入高产出观念，谋求果园综合效益，充分认识到发展质量效益型果业必须增加果园的生产投入。因此，除正常的冬灌和春灌外，应根据果树生长发育情况和土壤墒(肥)情，适当增加灌溉次数与灌溉量，在灌水前增施必要的肥料，以满足树体生长需要。

（3）科学精细覆草。为避免树盘覆草引起树干基部腐烂，必须进行科学覆草，应保证距树干周围15 ~ 20厘米处地表裸露不覆草。

（4）加强斑点落叶病的防治。防治该病应贯彻预防为主、防治结合的原则，因此，在未发病前（5月底前）先喷施2次80%代森锰锌可湿性粉剂800

倍液等有机硫类保护性杀菌剂，以控制春梢斑点落叶病的危害及压低再侵传染源密度。以后再交替使用50%多·锰锌可湿性粉剂600～700倍液、1：（2～3）：200波尔多液、10%多抗霉素可湿性粉剂1 500倍液、50%异菌脲可湿性粉剂150倍液、78%波·猛锌可湿性粉剂500倍液等，即可有效地控制斑点落叶病，同时对轮纹病、褐斑病等叶果病害也具有良好的防治效果。

（5）重视虫害的树上防治。树上防治虫害应从三个方面综合考虑。①利用杀虫灯，黏虫板等进行病虫害绿色防治，或采用性信息素合成的诱芯等进行诱杀，其方法是每亩*果园设置4～6个诱捕器，诱杀园内雄性害虫，导致雌雄比例失调，减少雌雄交配率，使大量雌性害虫不能受孕，从而大幅度降低下一代虫口密度。②利用天敌控制虫害，如金纹细蛾跳小蜂、金纹细蛾姬小蜂等，效果明显，应对害虫天敌加以保护利用。③做好药剂防治工作。金纹细蛾第一代成虫盛期为重点防治期，此期成虫较集中，有利于充分发挥药效，若此期延误或防效不佳，应在第二代成虫盛期继续进行防治，可选用25%灭蛾净乳油1 000倍液或25%灭幼脲2 000倍液进行防治，效果较好。

（6）做好刺果、啃果害虫的预防工作。一是应做好预测预报工作，在常年发生较重的果园，进行定点

---

* 亩为非法定计量单位，15亩=1公顷。

定期系统调查，密切注意其发生动态，及时指导防治工作。二是进行果实套袋，有效防止刺果、啃果害虫与果实接触。但该技术对康氏粉蚧无效，反而会使危害加重，在该虫发生严重的果园应慎用。三是利用黑光灯诱杀，利用刺果、啃果害虫的趋光性，可在果园悬挂黑光灯进行诱杀。四是做好地面害虫防治工作，在该类害虫产卵期、孵化期、低龄幼虫期、栖息期，利用相应的杀虫剂对地面的草进行定向喷雾，可选择触杀效果好、胃毒作用强的药剂。

5.推广果园生草技术的意义

我国果树面积和水果产量位居世界前列。随着退耕还林还草政策的实施，我国果园面积不断增加，为推动区域经济发展、维护生态环境稳定及农民持续增收做出了重要的贡献，但与世界水果生产先进国家相比，仍存在诸多问题。近几年国内外大量调研发现，美国、日本、法国等水果生产先进国家的果园都采用生草模式。

随着国际市场的开放，我国果业竞争力低下等情况日益显现，而以果园生草等为核心的现代化、标准化果园管理措施，有助于提高果业整体生态与经济效益，极大地促进果园可持续发展。果园生草栽培是20世纪40年代随割草机问世和灌溉系统不断发展而兴起的现代化果园土壤管理模式。这种管理模式不仅是果业现代化的重要特征之一，也是生态文明建设、生态农业建设的重要组成部分。

6.我国果园生草技术的发展展望

我国于1998年将果园生草作为绿色果品生产主要技术措施在全国推广，但截至目前，生草果园面积不足10%，生草栽培措施仍处于小面积试验及应用阶段。这表明我国果业发展距离果业现代化仍有较大的差距。究其原因，可能是黄河及长江流域3 000余年精耕细作的农耕文化，以及人多地少、装备落后的农业现状等经济、社会、自然诸多主客观因素的长期影响。果园土壤肥力低下不是短时间内能够解决的问题，需要长时间的努力；要想提高果园效益与果品质量，首先必须提高果园土壤质量与综合肥力。

我国果园生草技术的发展和推广较为缓慢，除受农耕文化和人多地少的农业现状等因素的影响外，也与果园生草模式、草种选择和搭配等密切相关。因此，在果园生草实践中，可以从以下几个方面对我国果园生草模式进行改进：①针对果树品种选择适宜草种，优化搭配，减少草与果树的资源竞争；②适当调整果树布局，以减少果树对草生长的影响，实现果草生产双赢；③优化创新果园生草模式，因地制宜地利用当地资源，发展有特色、复合型、可持续生产的生草果园；④合理利用水、肥、光资源，提高生草果园整体的经济、生态和社会效益，促进生草果园高效可持续发展。

（三）生草果园分类

我国果园生草模式正在由单一果园生草养地模式向果园生草与养殖业和畜牧业相结合的复合型立体模式发展，形成多种类型、各具特色的生草果园系统。

果园生草方法可以分为自然生草和人工种草。自然生草一般对当地气候和环境有较强的适应性，而人工生草是有目的地种植对果园有益的特定草种，改善土壤特性，改进果园生境。如蓝莓园可以种植的豆科草有白三叶、紫花苜蓿、田菁，禾本科草有早熟禾、燕麦草、结缕草等；火龙果园常搭配种植紫花苜蓿、柱花草和百喜草等。

生草果园可分为三类：①以沼气为纽带的生态生草果园，将种植业、养殖业、加工业及废弃物综合利用有机结合，实现生草果园系统内能量、物质多级利用和循环再生。②种养结合的生态生草果园，在果园内生草并放养各种经济动物，且以野生取食为主，辅助以必要的人工饲养，形成以草牧果为主的生草果园。③以旅游观光为主的生态生草果园，在果园内种植观赏性植物，将绿色果品生产与生态旅游相结合，以提高果园的整体生态与经济效益。生草果园生物多样性、环境稳定性和抗逆性提高，是生态农业的发展方向。

不同地区果园条件不同可选择全园生草或行间

生草。水分、养分供应充足的成龄果园可实行全园生草；水分、养分供应不足的果园或幼龄果园多实行行间生草。

二、生草对果园的影响

果园生草是改善果园生态条件的一项现代化果园管理技术，可产生良好的经济效益。果园生草能够增加土壤有机质含量，改善土壤结构和理化性状，增加土壤中微生物的数量和种类，防止水土流失，改善果园生态小气候，提高果品质量，减少果园管理用工，方便机械化作业，为实现病虫害的生物防治和生产高营养、无污染的绿色果品创造了条件（图2）。本部分主要介绍了果园生草对土壤理化性状、微生物种群、果园生态小气候、果园管理、果树生长和果实品质的影响。

（一）对果园土壤理化性质的影响

1.对土壤水分的影响

果园生草既具有保水的效应，也有争水的效应。在保水方面，与清耕相比，生草能够增加对降水的拦截，减少地表径流，特别是在降水较多的区域或季节；此外，生草能够优化土壤结构，提高土壤的贮水能力，在多雨季节能显著增加深层土壤的贮水量。而

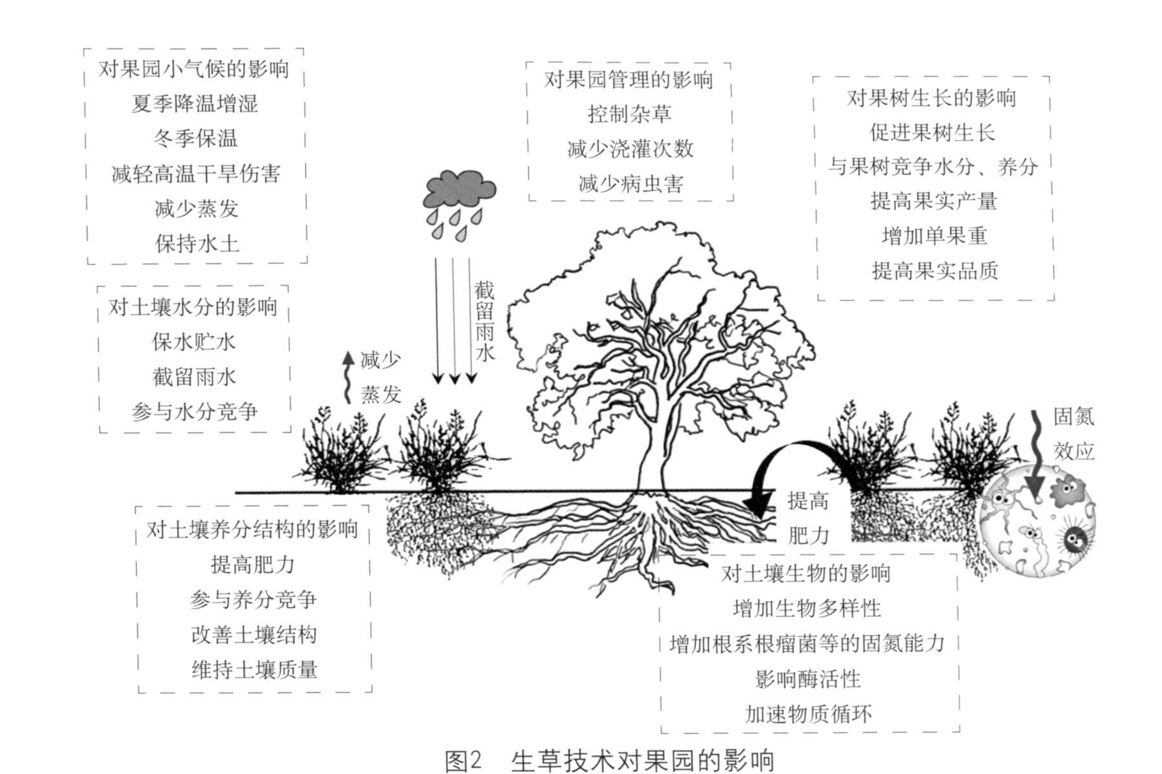

图2 生草技术对果园的影响

草与果树之间的水分竞争与降水量的丰歉密切相关。在多雨季节，清耕果园土表蒸发量大，生草可大幅度减少地表的太阳辐射，从而减少土壤水分蒸发，起到保水作用；而在少雨季节，清耕果园土表蒸发较为微弱，生草果园草的耗水量大于土壤蒸发量时，就会产生与果树争水的效应。因此，在生产实践中，应选择适宜的草种，加强草的管理，促进草的保水效应，抑制其与果树争水。

2.对土壤养分的影响

草的生长会消耗土壤养分，与果树进行养分竞争。种草后土壤的微生物数量可能会大幅度增加，从而促进有机碳的分解，增加土壤矿质养分含量。若种植豆科植物，因其具有固氮作用，可提高氮素利用效率。草种对土壤养分的影响较大。如在苹果园中种植白三叶、小冠花和黑麦草都可显著提高土壤速效钾和有效磷含量，以白三叶的效果最为显著；种植小冠花和黑麦草的果园土壤碱解氮含量显著低于清耕果园，可能草与果树之间存在氮的竞争，而种植白三叶的果园土壤碱解氮含量显著高于清耕果园。

3.对土壤结构变化的影响

果园生草可改善土壤结构，增加土壤孔隙度，降低土壤容重，增强土壤水分的入渗能力和持水能力。在黄土高原渭北苹果园间作白三叶7年以后，改变了土壤团聚体有机碳的含量与分布，显著增加了0 ~ 20

厘米土层中直径大于0.25毫米水稳性团聚体的含量并提高了其稳定性。在山西平定县的研究表明，果园生草覆盖区与对照相比，直径1.0毫米以上的土壤团聚体含量增加了10.2%～12.2%，土壤容重下降了4.7%～10.8%，土壤孔隙度增加了2.5%～5.5%。茶园间作草后，与清耕茶园相比其土壤结构和物理性状得到了明显改善，土壤团聚体数量增加、通透性改善、容重下降、持水能力增强。因此，果园生草可改善土壤结构，降低土壤板结发生的可能性，提高土壤渗水能力和保水能力。但不合理刈割会破坏土壤结构，如频繁使用割草机可造成果园土壤的容重增加，饱和导水率降低。

4.对土壤微生物及酶活性的影响

果园生草后有助于增加土壤微生物的数量。与清耕相比，黄土高原旱地果园生草后细菌、真菌和放线菌的数目均有增加。葡萄园生草可显著增加土壤固氮菌与纤维素分解菌的数量。微生物的种类及数量是影响土壤养分循环和能量流动的重要因素。通过生草的方式改善土壤微生物群落结构是防治果园土壤退化、提高果园生态涵养水平的有效措施。

研究表明，在0～60厘米土层，果园生草区及清耕区过氧化氢酶、尿酶及碱性磷酸酶活性变化趋势上层较下层明显；果园生草第五年土壤过氧化氢酶、尿酶及碱性磷酸酶活性仍显著高于清耕果园，并随生草年限的增加，这3种酶的活性趋于增加；同时，不同的果园生草对过氧化氢酶、尿酶、碱性磷酸酶活性影响存在差异。生草栽培提高了梨园土壤碱性磷酸酶和过氧化氢酶的活性。葡萄园行间种植紫花苜蓿使土壤的脲酶、碱性磷酸酶活性明显高于其他处理，而过氧化氢酶在各处理中变化不大。土壤中的酶与土壤肥力状况和土壤环境质量密切相关，其活性增加也表明生草改善了土壤质量。

（二）对果园生态小气候的影响

1.水土保持效应

生草覆盖后的果园，因地表覆盖度增加，有效地减少了雨滴击溅侵蚀的发生，同时又将降水拦截，极大程度地减少了地表径流及其对地表的冲刷，而草发达的根系可以有效固结土壤，提高土壤的抗侵蚀能力。因此，果园生草可以有效地防治水土流失。径流小区法研究结果表明，全园覆盖、带状覆盖等几种不同的覆草方式均能有效控制土壤侵蚀。在红壤丘陵田地应用除草剂调控水土流失试验结果表明，与传统的清耕相比，生草可使地表径流量减少45.5%，土壤侵蚀量减少55.2%。在渭北地区试验发现，生草能够提高土层最大贮水量和田间持水量，而且种植黑麦草比白三叶更能改善土壤贮水能力。在柑橘园试验发现，7月后夏秋高温连旱季节在不灌溉的条件下生草可提高土壤含水率，7 ～ 11月种植百喜草、白三叶平均土壤含水率分别较清耕对照组高2.10%和1.00%，其中尤以种植百喜草防旱保水效果最为明显。

2.改善小气候

果园生草后，增加了地面活地被物生物量，形成了“土壤—牧草—大气”下垫面环境新态势，改变了传统清耕制果园“土壤—大气”的下垫面环境，从而明显改变了近地层的光、热、水、气等生态环境因子。在清耕制果园中，由于地表直接和大气接触，地表温度受地层对流和湍流作用强烈，因此昼夜温度变化较大；对于生草果园，由于下垫面活地被物的存在，土壤热容量增大，土壤每升温1℃所需要的热量大于清耕果园土壤，且夜间长波辐射减少，从而使生草果园的夜间热量净输出小于清耕果园，所以生草果园的土壤温度昼夜波动幅度小于清耕果园，果园土壤的年温差和日温差因此也更小。

对比红壤生草橘园种植白三叶、百喜草及清耕3种管理方式发现，橘园生草能够降低夏季表层及亚表层土壤温度和树冠处气温，提高旱季树冠处空气相对湿度，减轻高温干旱对柑橘树体和果实生长发育的不利影响，但生草减缓了春季土温回升速度，可能对柑橘根系生长产生一定影响。夏季高温和干旱是影响柑橘生产的主要因素，因此，利用橘园生草调节橘园温度、湿度环境整体效果较好，可有效缓解极端高温对柑橘的影响，增强果树的抗逆能力。在葡萄园、梨园、苹果园及桃园等生草，都能获得类似效应，稳定果园气温、土温，形成有利于果树生长发育的小气候环境。不同果园及生草草种的小气候效应存在一定的差异，同一草种随着生草年限的增加，其效应有增强的趋势。对渭北洛川塬几种不同生草苹果园的小气候及土壤水分和养分进行对比发现，黑麦草小气候效应较优，冬季调温作用显著，但白三叶在夏秋季降温、增湿效果却强于黑麦草。

3.生态果园生物多样性及景观形成

果园生草后，形成了一个相对比较稳定的复合系统，丰富了系统内生物多样性，尤其是近地表的生物多样性。生草果园中天敌和其他动物群落种类和数量都较丰富，有效控制了害虫的数量。如梨园间作芳香植物后害虫数量减少，天敌数量增加；间作区主要害虫（梨木虱、康氏粉蚧、蚜虫、金龟子和梨网蝽）及天敌（瓢虫、食蚜蝇、草蛉、蜘蛛和寄生蜂）的生态位宽度显著增加，且天敌的生态位宽度明显大于害虫的生态位宽度，同时主要天敌如瓢虫、食蚜蝇与害虫的生态位重叠指数增加，呈现出对害虫明显的跟随效应和控制作用。此外，果园生草还可明显改善果园的景观效果，有利于建成观光果园，促进观光旅游业发展。果园种植具有观赏性的草种不仅可防止水土流失，增加观赏效果，而且可降低草坪养护成本50%～60%；同时通过观光果园旅游业的发展，实现良好的经济收益。

（三）对果园管理的影响

1.减少水肥施用

果园生草能减少水分蒸发，保持土壤水分。牧草降解后还田，可改善土壤有机质状况，保持果园土壤肥力平衡。茎叶刈割后可覆盖果园还田的草种一般产量较高，且根系较深，植株高大，需要较好的土壤水肥条件，但这类牧草在一定程度上可与果树竞争水肥。为减少果园管理成本并避免草与果树竞争水肥，多选择匍匐茎型、密丛型株丛的低矮草种；一方面可较好地覆盖地面，减少蒸发，保持水土；另一方面，它们根系较浅，能减少与果树的水肥竞争。若所选草种生长过快，为防止其与果树产生水肥竞争，必须及时刈割，这种草会大大增加果园管理维护费用。多年生黑麦草和高羊茅等草的产草量能满足北方果园覆盖的要求，马蹄金、白三叶和紫羊茅等较低矮的牧草根系浅，水肥竞争小，不能满足补充新兴果园土壤有机质的要求。

2.减少病虫害

果园生草增加了生物多样性，对驱虫防病具有良好的作用。某些植物特别是芳香植物，本身就具有驱虫防病的作用。在苹果园生草可影响树上捕食性天敌群落组成，如增加中华草蛉、拟长毛钝绥螨等昆虫的数量，而减少塔六点蓟马和瓢虫等昆虫的数量，而且生草对于受到化学杀虫剂干扰的树上小花蝽种群的恢复与建立有着促进作用。研究发现，苹果园生草为捕食性天敌提供了适宜的生存环境，使苹果园天敌数量增加，叶螨种群数量下降。适时刈割苹果园中的紫花苜蓿对控制害螨有明显的作用。此外，混合种植多种草比单一种植效果更好，研究发现果园植被多样化有利于东亚小花蝽的增殖，从而更好地发挥利用天敌控制害虫的作用。

3.杂草控制

果园生草可有效抑制其他杂草的生长。一般种植草的，覆盖度越高、密度越大对杂草的抑制作用越明显。如白三叶、多年生黑麦草、紫羊茅、红三叶和高羊茅群落中杂草种类少，杂草覆盖度均低于8%，每平方米少于5株，生物量可忽略不计；而在草层覆盖度较小、密度较低的百脉根、马蹄金、狗牙根、草地早熟禾和匍匐剪股颖群落中，杂草种类相对较多，覆盖度高达20%，每平方米可达6 ~ 13株，为群落伴生种。不同草种抑制的杂草类型不同如对南方果园进行不同生草处理发现，百喜草对禾本科杂草和空心莲子菜以及其他种类杂草都有很好的抑制效果，而白三叶的抑制效果相对较差。

（四）对果树生长及果实品质的影响

果园生草会增加土壤养分的消耗，持续施用化肥会引起土壤板结、肥力下降等一系列问题。生草果园可将刈割的草覆盖在树盘下，让其自然腐烂分解可有效增加土壤有机质含量，改善果园土壤结构和提高土壤肥力。不同草种对果树新枝生长速率的影响程度不同，如在桃园中种植菊苣对新枝生长的抑制作用比较明显，而种植紫花苜蓿则能明显促进桃树新枝生长。此外，果园生草能显著增加果树叶绿素等光合色素的含量和果树叶片的光合强度，并可减缓生草园区土壤温度和湿度的昼夜变化，改善果树根系的生长环境，从而有利于提高果树产量。

生草可以增加果实的单果重和果皮硬度，降低果实的pH，通过改善土壤养分状况和果园的微环境，提高果园的产量和果实品质。苹果园间作鸭茅和鹰嘴紫云英，均可减少果实总酸含量，增加总糖和维生素C含量；桃园种植某些草会显著降低果实中可溶性蛋白的含量，尤其是种植菊苣后下降幅度最大，达到33.3%；相反，部分草种提高了桃园果实中可溶性糖的含量，种植白三叶的提升效果最显著，种植菊苣和紫花苜蓿的效果增幅不显著。此外，生草年限也会影响果实品质。在黄河三角洲的梨园，生草4年及7年的果实脆度、可溶性固形物含量、香气、总糖含量及糖酸比都明显高于生草2年的各项指标。

三、南方果园生草的草种选择

果园生草有很多优点，但是选择合适的草种类型很重要，适宜的生草模式可保证果实品质、产量的同时节约成本。

（一）果园生草草种选择的基本原则

果园草种的选择应当遵循以下原则：

（1）因地制宜、适地适草。应根据当地气候特征和果园利用途径等条件因地制宜选择草种。

（2）易于繁殖。宜选择生草方法简单、苗期管理简易、自生繁殖性好的草种，大面积生草果园还应注重选择便于果园机械操作（如翻压、施肥等）的草种。

（3）可节水、保水、培肥、保墒。南方部分地区季节性缺水，应首选节水、保水型草种，所选择的草种应能在干旱时抗御日照伤害，减少地表水分蒸发，维持土壤温、湿度；草种根部应能提供更多有利的条件，有利于土壤形成稳定、有益的生物群落（特别是固氮微生物），培肥和改良土壤。

（4）与果树和谐生长。选择矮生或匍匐性的浅根系固氮植物，尽量减少与果树竞争水分、养分；所选植物应与果树没有共同的病虫害，且能让果树害虫天敌栖宿。

（5）有利于提升果实产量、品质。所选择的草种能够促进果树生长，提升果实产量或品质。一般豆科植物、禾本科植物混合植物，有利于土壤改良，促进果树生长；能提供花粉作为果树授粉昆虫的蜜源，使其族群在果园内得以存活，促进坐果，提升产量；另外，优先选择有利于果树害虫天敌（如赤眼蜂等）生存的草种，减少农药的施用，提升果实品质。

（6）有利于保持水土。对于坡地或山地果园，应选择水土保持性能好的草种，防止土壤肥力随水土流失，造成下游面源污染；选择侵占性不强、能改善果园小生态的草种。

（7）易于管理。果园生草后应易于管理，以减少管理成本。优先选择地被覆盖度、控草效果较好的品种，通过抑制杂草生长，以大幅降低果园除草管理成本。

（8）具有一定观赏价值在观光果园可选择地被覆盖效果好、花色鲜艳的观赏植物，以提高果园经营综合经济效益。

南方果园人工生草宜采用耐湿、耐涝、耐高温、抗霜冻、竞争性强的品种。依据不同果园及管理水平选择适宜草种或草种组合。①果园土壤培肥、保墒（特别是幼龄果园）宜单种豆科植物或与禾本科植物混种，如紫云英、藿香蓟、百脉根、光叶苕子、紫花苜蓿+野燕麦、柱花草+百喜草、白三叶/杂三叶+多年生早熟禾等。②丘陵、山区果园清耕易造成水土流失和面源污染，宜选择地被覆盖率高、水土保持效果较好的草种，如白三叶、杂三叶、平托花生、黑麦草、百喜草、鼠茅等。③因粗放管理需要养护的果园宜选择抗杂草能力较强的草种，如鼠茅、光叶苕子、多年生早熟禾、结缕草等。④观光果园宜选择地被类禾草，如结缕草、匍匐剪股颖、多年生早熟禾、宽叶雀稗等；或观花植物，如紫云英、柱花草、藿香蓟、平托落地花生、油菜、白三叶、杂三叶、波斯菊、紫罗兰等。⑤林下套作农作物，可选择黄豆、绿豆、豌豆、豇豆、韭菜、包菜、莴苣、南瓜、苦瓜等。⑥结合畜牧养殖，可选择紫花苜蓿、黄花草木樨、百脉根、光叶苕子、黑麦草、百喜草、紫云英等。南方果园生草常用草种及特性，详见表1。

表1　适合南方果园人工生草的草种及其特征特性

草种	生活型	形态特征	生理特性	适用果园类型及主要优势
紫花苜蓿	多年生	茎直立，直根系，根深	耐寒、耐旱、耐湿热、耐盐碱，不耐黏重土壤	果牧结合果园，培肥
黄花草木樨	一年生或二年生	茎直立，直根系，根深	耐旱、耐寒、耐瘠、耐盐	果牧结合果园，培肥

（续）

草种	生活型	形态特征	生理特性	适用果园类型及主要优势
白三叶	多年生	茎匍匐，直根系，根浅	喜酸性土，不耐长期干旱和积水，耐寒	观光果园，培肥、水土保持
杂三叶	多年生	茎半直立，直根系，根浅	极耐寒，不耐旱和炎热，喜温暖、湿润，耐瘠	观光果园，培肥、水土保持
紫云英	二年生	茎匍匐，根蘖型，根深	喜温暖、湿润，耐瘠、稍耐寒、不耐盐	果牧结合/观光果园，绿肥
光叶苕子	一年生或二年生	茎匍匐，根深	耐寒、耐旱、耐瘠，抗杂草，不耐渍	果牧结合果园，培肥
百脉根	多年生	茎丛生，直根系，根深	喜温暖、湿润，耐瘠、耐湿、耐阴、较耐盐	果牧结合/观光果园，绿肥
田箐	一年生	茎直立，直根系，根深	喜温暖，抗旱，抗病虫，耐盐、耐涝、耐瘠	果牧结合果园，培肥
罗顿豆	多年生	茎匍匐，根系发达，根瘤多	喜温暖、湿润，耐阴、耐践踏、耐瘠、耐酸、耐湿，不耐高温和盐碱	常绿，培肥

（续）

草种	生活型	形态特征	生理特性	适用果园类型及主要优势
柱花草	多年生	茎匍匐或半匍匐，直根系，根深	耐热、耐瘠、耐干旱，抗虫害，不耐低温和涝渍	果牧结合果园，培肥
平托落地花生	多年生	茎葡匐，具根状茎和匍匐茎	喜温暖、湿润，耐高温、耐阴、较耐瘠、耐盐、耐践踏、耐牧，抗寒	果牧结合/观光果园，培肥
野燕麦	一年生	秆直立，须根系，根浅	耐寒、耐旱，抗病虫，喜光，再生分蘖性强	果牧结合果园，水土保持
黑麦草	多年生	细弱根状茎,秆丛生	喜温暖、湿润，喜肥，不耐旱、不耐寒、不耐热、不耐阴	果牧结合果园，冬季牧草
百喜草	多年生	根状茎，秆丛生	耐旱、耐践踏、耐阴、耐牧，常绿	果牧结合果园，水土保持
狗尾草	一年生	秆直立，须根发达	喜温暖、湿润，喜肥，较耐旱	果牧结合果园
宽叶雀稗	多年生	半匍匐丛生，须根发达	喜高温、多雨，喜肥，耐牧，再生能力强	观光果园，草坪景观

（续）

草种	生活型	形态特征	生理特性	适用果园类型及主要优势
多年生早熟禾	多年生	匍匐根状茎，秆直立，须根发达	耐阴、耐寒、耐践踏，抗旱、抗热、抗病虫、抗杂草，再生能力强	观光果园，草坪景观
匍匐剪股颖	多年生	匍匐，不定根，根浅	耐寒、耐热、耐阴、耐瘠，较耐践踏，再生力强	观光果园，草坪景观
结缕草	多年生	横走根茎，须根系，根浅	抗旱、抗盐碱、抗病虫害，耐瘠、耐践踏、稍耐阴，喜光	观光果园，草坪景观
鼠茅	多年生	秆直立，根较深	耐严寒、不耐高温，控草能力强	水土保持
韭菜	多年生	茎直立，须根系，入土浅	喜冷凉，抗寒，耐热、耐阴、耐肥	林下套作，抑病虫
大葱	二年生	茎直立，具球状茎，少量侧根	喜肥，抗病虫害	林下套作，抑病虫
生菜	一年生或二年生	茎直立，直根系，入土较深	喜冷凉、湿润，半耐寒、不耐热	林下套作
芥菜	一年生	茎直立，直根系，入土较深	喜冷凉、湿润，喜光，忌炎热干旱，不耐霜冻，喜肥	林下套作

（续）

草种	生活型	形态特征	生理特性	适用果园类型及主要优势
莴苣	一年生或二年生	茎直立，直根系，入土较深	喜冷凉、湿润，耐寒、不耐高温	林下套作
黄瓜	一年生	茎直立，直根系，入土较深	喜温暖，不耐寒，喜湿而不耐涝，喜肥而不耐肥	林下套作，抑病虫
花椰菜	一年生	茎直立，直根系，入土浅	耐盐、耐热、耐湿、不耐涝、不耐旱，易受冻害	林下套作
白菜	二年生	茎直立，直根系，入土较深	喜冷凉，稍耐寒、不耐热	林下套作
甘蓝	二年生	茎直立，直根系，入土较深	耐寒，抗病，适应性强	林下套作
茼蒿	一年生或二年生	茎直立，直根系，入土浅	半耐寒、耐阴，不耐热	林下套作
苦瓜	一年生	茎蔓生，直根系，入土较深	耐热不耐寒，喜光不耐阴，喜湿怕雨涝	林下套作
黄豆	一年生	茎直立，直根系，入土较浅	喜温暖，耐瘠，不耐霜冻、雨涝	林下套作，培肥
绿豆	一年生	茎直立，直根系，入土较浅	喜温暖，不耐霜冻	林下套作，培肥

（续）

草种	生活型	形态特征	生理特性	适用果园类型及主要优势
萝卜	一年生或二年生	茎直立，基生叶，直根肉质，入土较浅	稍耐寒、耐阴、不耐热	林下套作
豌豆	一年生	茎蔓生，直根系，入土较深	喜温暖、湿润，稍耐寒	林下套作，培肥
南瓜	一年生	茎蔓生，直根系，入土较深	喜阴凉、湿润，抗逆性强，易栽培	林下套作
藿香蓟	多年生	茎直立，直根系，入土浅	喜温、喜光，不耐寒和酷热，耐修剪	观光果园，绿肥，抑螨虫
油菜	一年生或二年生	茎直立，直根系，入土深	喜冷凉，抗寒力较强	观光果园
紫罗兰	二年生或多年生	茎直立，直根系	耐寒、不耐阴，怕渍水，忌酸性土壤，病虫害较多	观光果园
波斯菊	一年生或多年生	茎直立，多须根，入土浅	喜光，耐瘠，耐旱，忌炎热、忌积水、忌肥，不耐寒冷和高温	观光果园

南方常见果园的草种选择如下。

（二）南方丘陵坡地果园生草草种选择

南方丘陵坡地果园生草的主要目的是减少水土流失、保持水土。长期以来，红壤丘陵坡地和山地的水土流失较为严重，而果园生草作为主要的治理措施被推广应用。张华明等研究发现，果园中草类覆盖达80%以上时，减流减沙效应能达到92%以上；而且草类套种模式较作物套种模式具有更强的减沙减流蓄水能力。一般横坡种植模式要比顺坡种植模式好，因此，在南方红壤丘陵区应大力推广。

南方丘陵坡地果园生草宜选择的草种有平托花生、白三叶、印度豇豆、南非马唐、黑麦草、杂交狼尾草、鲁梅克斯、罗顿豆等，可以发展特色果园生草模式，如果草牧沼观光生态果园模式，可提高果园系统的能量利用效率。此外，在该模式中，以豆科植物如圆叶决明、平托花生、白三叶等，搭配少量其他植物如南非马唐、黑麦草、鲁梅克斯等，可提高果园的生态与经济效益。

（三）南方观光果园生草草种选择

由于观光造景的需要，在选择观光果园生草品种时，不仅要考虑一般草种的选择标准，如喜光、耐阴、耐寒、耐旱、易管护等，还需要具备一定的观赏性，如紫云英、桂花草、藿香蓟、平托落地花生、油菜、白三叶、杂三叶、波斯菊、紫罗兰等。对于一些长势旺盛或攀缘能力较强的藤本植物要慎用，以免与果树争夺养分，影响果树生长。不同地区气候条件差异很大，应根据当地环境选择适宜草种，减少管理成本。同时应注意选择的草种根系分泌物不会对果树的土壤环境造成不良影响。

四、南方果园生草模式及技术

果园生草技术是一项高效、实用的土壤管理方法，不同果园适宜种植的草种不同，相关技术也不相同。

（一）果园生草方法

当前较常见的果园生草方法主要有自然生草法和人工生草法两种。

1.自然生草法

自然生草就是生长季节任杂草萌芽生长，人工拔除不利于果园发展的恶性杂草。该方法节本省工、简便，易于推广，在果园中应用比较普遍。

（1）果园自然生草的流程。①翻地整理。结合果树种植或基肥施用，进行一次果园深翻耕整，去除果园灌木、恶性杂草。果园实施自然生草的前几年，应增加约20%的氮肥施用量，等草量增多，地力提高后，方可减少氮肥用量。②杂草自然生长。浇水灌溉，任由自然草被生长、覆盖果园。幼龄果园容易受到草对养分和水分竞争的影响，宜在树干周围一定范围内清耕，可将其刈割的青草覆盖树下，待树冠扩大到一定面积时再进行全园生草。③去除恶性杂草。自然生草期间要注意选留良性草（如马唐、狗尾草及豆科类草等），去除恶性草（如反枝苋、灰绿藜、曼陀罗等）。④刈割控制。当草长到30厘米时，及时留10厘米根茬刈割，覆盖树盘。生长中后期，杂草生长量大，一般要割2 ~ 3次，保持果园草高不超过30厘米。⑤停割留籽。立秋后停止割草，任其成熟留种，以保持下年的杂草密度。⑥中耕翻土埋草。每年或隔年结合冬季清园进行一次表土中耕埋草，深耕15 ~ 20厘米，以增加土壤有机质含量，改良土壤。

（2）良性草和恶性草的辨识。果园自然生草期间，要注意去除恶性草。一般良性草多为须根多、茎叶匍匐、矮生、覆盖面大、耗水少的一年生杂草。这些草种每年都能在土壤中留下大量死根，腐烂后既可增加土壤有机质含量和土壤空隙度，提高土壤通透性，又可培肥土壤、保持水土。恶性草一般为茎直立、高大、根系深、茎缠绕，容易与果树争肥、争水，与果树有相同病虫害，影响果树生长存活的宿根草种。表2对南北方果园常见草的类别进行了汇总，以便于广大果农辨识。

表2　南方果园常见良性草和恶性草及其特性

种类	生活型	主要特征	类别
白茅	多年生	高草、根茎发达、侵占性强	恶性草

（续）

种类	生活型	主要特征	类别
狗尾草	一年生	高草、浅根、须根系	良性草
狗牙根	多年生	低草、浅根	良性草
两耳草	多年生	中高草、匍匐茎、须根系	良性草
马唐	一年生	低草、浅根、须根系	良性草
牛筋草	一年生	低草、浅根、须根系	良性草
铺地黍	多年生	高草、浅根、须根系	良性草
千金子	一年生	高草、浅根、须根系	良性草
蟛蜞菊	多年生	低草、匍匐茎、浅根	中性草
三叶鬼针草	一年生	高草、直立茎	恶性草
胜红蓟	一年生	高草、直立茎、根较浅	良性草
小飞蓬	一年生或二年生	直立茎	恶性草
野苦荬	多年生	中高草、茎直立、基生叶	良性草
辣蓼	一年生	高草、直立茎	恶性草
少花龙葵	一年生	高草、直立茎	恶性草
崩大碗	多年生	低草、匍匐茎	良性草
繁缕	一年生或二年生	中高草、喜湿	中性草
刺苋	一年生	高草、直立茎、根较深	恶性草
空心莲子草	多年生	中高草、茎匍匐、宿根	恶性草
莲子草	多年生	中高草、茎上升或匍匐	恶性草
鸭跖草	一年生	低草、匍匐茎	恶性草
酢浆草	多年生	低草、匍匐茎	良性草

（3）果园自然生草的优势。果园自然生草不仅可省工、保持水土，而且每年割下的青草及草根逐年腐烂可增加土壤有机质含量，活化土壤，改善土壤酸碱度，强化果树根群活力，改良土壤的理化性状。生草覆盖果园可缓和地温的急剧变化，改善果园生态环境，为天敌提供繁殖栖息的场所，对病虫害有综合防治的效果。但是自然生草易使表层土壤板结，影响通气，生草根系强大，且在土壤上层分布密度大，截取渗透水分，消耗表层氮素，易致果树根系浮生，必须结合周期性土壤耕作加以克服。

2.人工生草法

人工生草法是在果园单一或混合种植草的生草方法。人工生草的草种经过选择，能控制不良杂草对果树和果园土壤的有害影响，使草类与果树协调共生。人工生草法是仿生栽培形式，是一项先进、实用、高效的土壤管理方法。

根据果园土壤条件和果树树龄大小选择适合的生草种类和生草方式。果园人工生草可以种植单一草种，也可两种或多种草混种。通常果园人工生草多选择豆科的白三叶与禾本科的早熟禾混种。白三叶根瘤菌有固氮能力，能培肥地力；早熟禾耐旱，适应性强，两种草混种可发挥双方的优势，比单一种植生草效果好。果园人工生草的流程。①草籽播前处理。②整地与施肥。每亩果园施入50 ～ 75千克磷肥（普通过磷酸钙）和7.5千克尿素或10千克磷酸二铵，将肥料施在果树行间准备种草的地面，然后耕翻或旋耕，对杂草多的果园要耕翻2遍，耕翻深度为20厘米左右，将地整平。③整理种植条带。一般情况下生草条带宽度为1.2 ~ 2.0米，幼龄果园行距大，生草带可宽些，成龄果园行距小，生草带可窄些，距果树中心干50 ~ 80厘米的距离不可种草。④播种。最佳播种时期是春秋两季，春播可在3月下旬至4月气温稳定在15℃以上时播种，秋播一般从8月中旬开始直至9月中旬。可采用条播或撒播。条播行间距20厘米，依果树行距挖1 ~ 2条浅沟，深约2厘米，浇足底水，将种子均匀播在条沟中，覆浅土，然后覆盖地膜，7 ~ 10天即可出苗。撒播是将种子和适量细土或沙子拌匀后撒播在地表，覆土0.5 ~ 1.5厘米。春季以条播为好，秋季以撒播为好。⑤前期养护。果园生草早期要注重浇水养护，及时除去杂草，草长至约10厘米高时可适当追施磷、钾肥和尿素。⑥刈割管理。果园生草约2个月后，可进行第一次刈割，收获草茎。刈割留茬宜遵循1/3原则（即每次刈割留茬高度不宜低于原高度的1/3），有利于草及时恢复生长，收获的草茎可用作青绿饲草或覆盖树盘下保水、保墒。

目前，可用于果园人工生草的草种主要包括豆科、禾本科及其他草种。常见草种的建植与管理方法见表3。

表3　常见草种的建植与管理方法

种类		适宜果园类型	播种时间	适宜播种量（千克/亩）	播种方式	播种深度（厘米）	年刈割次数（次）	留茬高度（厘米）	是否需要越冬覆盖
豆科	紫花苜蓿	幼龄/成龄	春播或秋播	1.5～2	条播或撒播	1～2	2～3	3～5	不需要
	黄花草木樨	幼龄/成龄	春播或夏播	1～1.5	条播或撒播	2～3	2～3	3～5	不需要
	白三叶	幼龄/成龄	春播或秋播	1～1.5	条播或撒播	1～1.5	1～2	5～10	寒冷地区需要
	光叶苕子	成龄	春播或秋播	3～6	条播或撒播	3～4	成熟后刈割	1～2	不需要
	百脉根	幼龄/成龄	春播、夏播或秋播	1～1.5	条播或撒播	1～1.5	1～2	5	不需要
	杂三叶	幼龄/成龄	春播或秋播	1～1.5	条播或撒播	1～1.5	1～2	5	寒冷地区需要
	田箐	幼龄	春播	3～5	条播或撒播	1～2	1～2	5～8	不需要
	紫云英	幼龄/成龄	春播	1.5～2	条播	1～2	1～2	5～8	不需要
	印度豇豆	幼龄/成龄	春播	0.1～0.2	穴播	2～3	不刈割	—	不需要

（续）

种类		适宜果园类型	播种时间	适宜播种量（千克/亩）	播种方式	播种深度（厘米）	年刈割次数（次）	留茬高度（厘米）	是否需要越冬覆盖
豆科	柱花草	幼龄/成龄	3～9月	0.15～0.25	条播或撒播	0～1	2～3	20～30	不需要
	平托花生	幼龄/成龄	3～9月	—	扦插育苗后移栽	—	2～4	10～15	不需要
	罗顿豆	成龄	春播或秋播	2～3	撒播或条播	1～2	4～5	3～5	不需要
禾本科	野燕麦	幼龄	春播	10～15	条播或撒播	3～4	1～2	8	不需要
	百喜草	幼龄或成龄	春播或秋播	1～1.5	条播或撒播	0.5～1.5	3～4	1/3原则	不需要
	匍匐剪股颖	幼龄或成龄	春播或秋播	0.5～0.7	播种或撒播草茎	2～5	3～5	1/3原则	不需要
	结缕草	幼龄/成龄	春播或秋播	5～6	播种或撒播草茎	2～5	3～5	1/3原则	不需要
	黑麦草	幼龄/成龄	春播或秋播	1～1.5	条播或撒播	1	5～8	1/3原则	不需要
	多年生早熟禾	幼龄/成龄	春播或秋播	0.5～0.7	条播	2～3	3～5	1/3原则	不需要
	鼠茅	成龄	秋播	1～1.5	条播或撒播	3～4	不刈割	—	不需要

（续）

种类		适宜果园类型	播种时间	适宜播种量（千克/亩）	播种方式	播种深度（厘米）	年刈割次数（次）	留茬高度（厘米）	是否需要越冬覆盖
其他	紫罗兰	幼龄/成龄	秋播	0.1～0.3	撒播或穴播后移栽	0～1	不刈割	—	不需要
	藿香蓟	幼龄/成龄	春播		撒播或扦插育苗后移栽	1～3	2～3	5～10	不需要
	鲁梅克斯	幼龄/成龄	春播或秋播	0.1～0.15	条播或穴播	1.5～2	2～6	5～6	不需要
	波斯菊	幼龄/成龄	3～8月分期播	1～1.5	条播或撒播	0.7～1	成熟后刈割	1～2	不需要
	紫根草（俄罗斯饲料菜）	幼龄/成龄	4～9月	5～7	分株、根茎或扦插繁殖	2～3	2～3	1～2	寒冷地区需要
	油菜	成龄	秋播	0.5～0.8	撒播	0～1	不刈割	—	不需要

注：1/3原则指刈割留茬高度以草原生长高度的1/3为宜。

（二）果园种植不同草种的栽植技术

1.广适性果园紫花苜蓿生草栽植技术

紫花苜蓿为豆科苜蓿属多年生草本，全国各地都有栽培，或呈半野生状态（图3）。紫花苜蓿一般寿命5 ~ 7年，长者可达15年，2 ~ 4年时生长最旺盛，

图3　生草果园的紫花苜蓿

第五年以后产量逐渐下降。其根系发达，直根系，主根粗长。茎直立，高1米左右，基部分枝一般有25 ~ 40条。叶为三出复叶，有毛，卵圆形。总状花序，蝶形花冠，紫色，花期持续约1个月。种子小，肾形，黄褐色。紫花苜蓿适应性广，喜温暖半湿润气候，日平均温度在15 ~ 25℃，昼暖夜凉；抗寒性强，冬季可耐–20℃的低温，可安全越冬，根系深，抗旱性强，在降水量250毫米、无霜期100天以上地区均可种植。对土壤要求不严，除太黏重的土壤、极瘠薄

的沙土及过酸或过碱的土壤外都能生长，最适宜在土层深厚、疏松且富含钙的壤土中生长，喜中性或微碱性土壤，含盐量小于0.3%，地下水位在1米以下，pH以7～8为宜。土壤pH在6以下时根瘤不能形成，pH为5以下时会因缺钙不能生长。可溶性盐含量高于0.3%、氯离子含量超过0.03%，幼苗生长受到危害。

（1）选择良种。市场上紫花苜蓿的品种很多，选择既高产又适宜当地气候的品种是栽培成功的关键。

（2）选地、整地。果园种植紫花苜蓿一般采用行间生草。紫花苜蓿不耐涝，因此地块应当具有良好的排水条件，土壤以沙壤土为宜。排水情况不好的地块，应当设排水沟。苜蓿种子较小，播种深度难以控制，应当精细整地，耙细、整平，达到地平、土碎。

（3）播种、定苗。①播种时间。气温稳定在10℃以上时可播种，春播以4月中旬前为宜，秋播以8～9月为宜。②播种方式。一般采用开沟条播，行距15～25厘米，沟宽3～5厘米，播种量1.5～2千克/亩。播种时可混合与苜蓿籽粒大小相当的细沙，以确保播种均匀。③播种深度。黏土覆土1.0～1.5厘米为宜；壤土1.5～2.5厘米为宜。播后再镇压一遍。严重干旱条件下，春季播种前，应灌1次水，待土壤持水量合适时再播种，或者在雨后抢播。

（4）田间管理。①杂草控制。苜蓿播种后苗期长势不强，与杂草竞争的能力较弱，常因草荒而毁种，因此苜蓿播种后第一年应加强田间管理，通过人工除草与化学除草相结合的方法，控制杂草生长。大面积种植苜蓿时，可用除草剂消灭杂草，可选用的茎叶处理除草剂有咪唑乙烟酸、灭草松、烯禾啶吡氟禾草灵、吡氟氯禾灵、喹禾灵等。②施肥、浇水。紫花苜蓿本身具有根瘤菌，可固氮，对氮肥需求量较少，对磷、钾肥需求量较大，应以追施磷、钾肥或其他复合肥为主。种肥可施磷酸二铵30千克/亩，每收割一次追施氯化钾5千克/亩，追肥最好在花期进行。现蕾期根瘤菌活动能力减弱，此时根外追施一定量的氮肥，可使草产量提高20%～30%。苗期应勤浇水、浇透水，以确保苗期水分供应，但也应适当干旱促进根系下扎。成功建植后，可减少浇水次数，一般随果园果树浇水即可，也可在刈割后结合施肥浇水。③病虫害防治。苜蓿常见的虫害主要有蚜虫、盲椿象、潜叶蝇等，可用40%乐果乳剂1 000倍液喷雾或用氰戊菊酯等进行防治。苜蓿常见病害有白粉病、霜霉病、锈病、褐斑病等，可用多菌灵、甲基硫菌灵等防治。

（5）刈割利用。第一年紫花苜蓿长至70～80厘米后，可进行第一次刈割，刈割留茬5厘米左右为宜。成功定植后，每年可刈割3～4次，一般单产干草1～2吨/亩，高产时可达5吨/亩。刈割下的草可作新鲜饲草喂牛、羊及禽类等，也可作干草、青贮饲料保存，用于冬季饲喂牲畜。通常4～5千克鲜草可晒制1千克干草，晒制干草应在约10%植株开花时进行刈割，此时饲草木质化程度不高，适口性好。

2.观赏性果园白三叶生草栽植技术

白三叶为豆科车轴草属多年生草本，适应性广，喜温暖湿润气候，抗热、抗寒性强，可在酸性土壤中旺盛生长，也可在沙质土壤中生长。为长日照植物，不耐荫蔽，不耐干旱和长期积水。有一定的观赏价值，是主要栽培牧草之一。果园种植白三叶，其草层低矮（高约30厘米）、致密，抗杂草能力强，可不必青割（若饲喂牲畜，也可青割）。根浅，主要集中在地表深15厘米的土层中，不与果树争肥、争水，且当夏季高温干旱时，几乎停止生长，但仍能存活，保墒效果明显。观赏价值高，花、叶美观，耐踩踏，是发展环保生态观光果园的优良草种；作为牧草，白三叶适口性好，各种畜禽均喜食，营养丰富，节粮效果明显，经济效益十分显著（图4）。

图4　生草果园的白三叶

（1）整地。平整地块，耕翻松土深15～20厘米，同时旋拌适量堆肥或切碎的秸秆及其他有机肥，以改良土壤黏性，涵养水源。清除杂物、杂草，耙细整理成坪。播种前，可灌水一次，促进宿存杂草种子萌芽，待杂草种子出苗后，用可快速降解的除草剂除杀，待除草剂降解后播种。这样既可以除去杂草，又可以减轻除草剂对草种的影响。坪床播种前，在10厘米表土层匀施磷肥、钾肥，以适量氮肥作为种肥，以满足白三叶苗期对氮素和生长期对磷、钾肥的需求。一般每亩施过磷酸钙20 ~ 25千克、硫酸钾20 ~ 27千克以及一定量的有机肥。

（2）播种、定植。①播种时间。最佳播种时间为春、秋两季。春播可在4月初至5月中旬，秋播以8月中旬至9月中旬为宜。春播后，草坪可在7月果园草荒发生前形成；秋播可避开果园野生杂草的影响，减少剔除杂草的繁重劳动。②播种方式。可条播或撒播。撒播白三叶草种子不易播匀，在土壤墒情差时出苗不整齐，苗期清除杂草困难，管理难度大，缺苗断垄严重，对成坪不利，建议采用拌沙条播；条播可适当覆草保湿，也可适当补墒，以利种子萌芽和幼苗生长，极易成坪。播后用富含有机质的细质沃土覆盖，有利于种子吸水与出苗。条播行距以15 ~ 25厘米为宜。土质肥沃、有灌溉条件时，行距可适当放宽；土壤瘠薄的行距要适当缩小。同时播种宜浅不宜深，以0.5 ~ 1.5厘米为宜。

（3）田间管理。①水肥管理。白三叶苗期根瘤尚未生成时，应注意加强水肥管理，需补充少量的氮肥，待成坪后只需补充磷、钾肥。白三叶苗期生长缓慢，抗旱性差，应保持土壤湿润，以利于种子萌发和苗期生长。成坪后如遇长期干旱需适当浇水。生草园可减少氮肥施用量，不施有机肥，在生长期果树根外追肥3～4次。②杂草防除。苗期灌水后应及时松土，清除野生杂草，尤其是恶性杂草。幼坪阶段可喷施吡氟氯禾灵防除禾本科杂草。阔叶杂草一般株型大，可人工防除。白三叶侵占性很强，也耐刈割，通过刈割草坪控制杂草生长和开花结实。③刈割利用。适时刈割，可增加草的产量和土壤有机质含量。生草最初几个月，不要刈割，当年最多刈割1～2次，一般成熟生草园1年刈割2～4次。刈割要注意留茬高度，一般以留茬高5～10厘米为宜，刈割下的草覆盖于树盘上。④修剪。果园白三叶草坪因果树遮阳，一般表现生长嫩绿、株型偏高、湿度增大、草坪易感病和受蜗牛危害。为此要常修剪白三叶，增加通风透光，减轻病虫害，促进草坪生长。白三叶具匍匐茎，再生能力强，较耐修剪，修剪高度可控制在7.5～10厘米。可采用草坪割灌机剪草，草坪割灌机适用任何地形地貌，基本不受果树影响。修剪频率可根据草坪高度决定，当草坪高度达到10～15厘米时可进行修剪。必须将白三叶修剪后的茎叶移出果园，以防腐烂污染果园或引起病虫害。剪下的茎叶可作为牧草、鱼料、堆肥使用。为了减少修剪次数，在播种前也可用多效唑浸种或在生长期间叶面喷施多效唑，对草坪矮化效果较好。⑤病害防治。白三叶易发生菌核病。在干湿交替或偏旱年份，白三叶病害均较轻，一般不用防治病害。发病严重时，近地面常引起叶片或叶柄基部发生水渍状、淡褐色状腐烂并向上蔓延，病斑由浅褐色变成灰白色，根茎基部软腐并伴有白色絮状物或黑色菌核，重则导致植株枯死。在防治策略上，可在夏季菌核病发生前喷洒百菌清加以预防，可对多种真菌病害起到很好地预防作用。菌核病发病初期一般零星发生，可以清除病株集中处理。发病后可用0.2%～0.3%波尔多液或3～5波美度石硫合剂喷洒植株和病部，每周1次，2～3次后可起到很好地控制作用，也可用代森锰锌、甲基硫菌灵等农药防治菌核病。⑥虫害防治。白三叶在温暖潮湿天气易引起蜗牛危害，在干旱气候易引起叶蝉、白粉蝶、斜纹夜蛾等危害。对蜗牛的防治可采用修剪草坪、碾压、施石灰等防治方法。修剪草坪可改善草坪的通风透光条件，配以特制轻便手推（拉）空心小铁滚，人工碾压草坪，可杀死大量蜗牛；也可撒施石灰5～7千克/亩，可有效阻止蜗牛活动或使蜗牛失水死亡。化学防治方面，选用高效、低毒、选择性强的四聚乙醛，配制成含2.5%～6%有效成分的豆饼（磨碎）或玉米粉等毒饵，傍晚时撒施在白三叶草坪中进行诱杀。采用阿维菌素可防治螨虫及鳞翅目、鞘翅目等多种害虫，防治效果较好。⑦翻新。生草7年左右，草逐渐老化，应及时翻压，休闲1～2年后，重新播种。

3.低养护果园鼠茅生草栽植技术

鼠茅为一年生禾本科鼠茅属草本植物，喜温暖气候，35℃高温下也可正常生长；耐寒力中等，可以忍受冰冻，安全越冬；属长日照植物，较耐阴，每天有4小时的光照即可满足生长需要，适合在果园中种植；耐旱性很强，年降水量250毫米条件下可正常生长；适应性广，在浅薄、贫瘠和干旱的土壤或沙质土壤均可生长，耐酸碱，适宜生长的pH为5.9～7.6，pH为4.5时也可生长，对盐分的耐性较差。在海拔160～4 200米的路边、山坡、沙滩、石缝及沟边都可生长。

鼠茅可利用种子繁殖，生命力较顽强，其植株可抑制其他杂草的生长，整个夏季不需要刈割。采用鼠茅生草的果园中，马齿苋、牛筋草、狗牙根、马唐草等杂草明显减少，杂草抑制率90%以上，免除了中耕除草的工作量，可不施用化学除草剂。果园种植鼠茅对于改善果园土壤生态环境，协调果树生产与环境间的关系，建立高产优质、环境友好的果园生产体系，推动果树产业的绿色安全生产等方面具有极为重要的作用（图5）。

图5　生草果园的鼠茅

（1）整地、播种。鼠茅适宜播种期是9月1日至10月10日，适宜的播种量为每亩1 ~ 1.5千克。播种前将果园内的杂草清除干净，用旋耕犁旋土深10厘米左右，平整土地，根据土壤墒情及时播种。鼠茅出苗的适宜土壤相对含水量为65% ~ 85%，如果墒情较差，应及时造墒，确保按时播种。播种方式可采用撒播和条播。条播时，行距根据土壤耕地质量而定，中等地力的果园行距为40厘米，上等地力的果园行距可适当加大，下等地力的果园行距适当缩小。为了播种均匀，选择在无风天播种。播种前将鼠茅种子和细沙按重量1 ∶ 10的比例混合均匀，然后进行播种，播种后用铁耙轻拉一遍，做到薄覆土，但要压实，防止吊干种子，影响出苗。

（2）田间管理。果品采收时，在鼠茅出苗后的嫩草坪上不可随便拖动物品，以防折断幼苗，无法生长。如果土壤相对含水量低于65%，在果品采收后，及时浇水1次，确保苗全苗壮。在封冻前，浇1次封冻水，确保鼠茅安全越冬，翌年返青时，结合果树灌溉，浇1次返青水，同时每亩撒施尿素15千克，以便及时提苗拔节。返青期的土壤相对含水量控制在60% ~ 80%，拔节期的适宜土壤相对含水量为65% ~ 85%。

在鼠茅种九成熟时，选择性的收割部分鼠茅，然后将其覆盖在当年没有播种鼠茅的地块或当年出苗不理想的地块，适当覆土、镇压，根据土壤墒情适时、适量浇水，确保顺利出苗。

7 ~ 8月雨季时，在果园作业时切勿重踩，因此时种子已成熟，温度、湿度恰好是鼠茅种子发芽的适宜范围，种子与地面接触后会很快发芽，在高温、高湿的条件下徒长，无法正常越冬，严重影响翌年的覆盖效果。

鼠茅抗病虫害能力强，很少产生病虫害。

(3) 综合效益。果园种植鼠茅省工省力，且鼠茅易于腐解。果园种植鼠茅第三年土壤有机质含量可提高0.3%左右，土壤孔隙度提高6%，土壤容重下降0.1克/厘米^3。鼠茅易倒伏，覆盖地面效果良好，可减少土壤水分蒸发，0 ~ 20厘米土层相对含水量比清耕果园平均高8.5%；夏季5厘米土层地温比清耕果园平均低2.7℃，冬季比清耕果园平均高1.8℃，可有效平衡地温，促进果树生长发育。倒伏的植株周年覆盖地面，对杂草的抑制率超过95%，可免除中耕除草的工作，避免化学除草剂的施用。密生的根系在土壤中形成数量巨大、深度达30厘米的通气孔，直接疏松土壤，以生物深耕代替机械深耕，改善土壤的排水性和透气性，提高土壤对旱、涝的耐受力，防止水土流失；倒伏枯死的植株极易腐烂，可迅速还田，对提高土壤有机质含量，改良土壤的理化性状，增加土壤的透气性效果明显。

4.南方丘陵山地果园平托花生生草栽植技术

平托花生原产巴西，俗称野花生，为热带型多年生豆科落花生属牧草，是匍匐性蔓生草本植物。须根多，能节节生根，贴地生长。叶柄基部有潜伏芽，分枝多，多年栽培能形成草层。平托花生具有耐酸、耐瘠、耐旱、耐阴等特性，能在新垦的强酸性红壤山地上生长。平托花生喜温暖、潮湿气候，生长适温为22 ~ 28℃，遇霜冻植株地上部茎叶枯死，地下部宿存，翌年生长季节可萌芽并迅速恢复生长。一般一年刈割2次，每亩青叶产量可达2.3吨以上。平托花生可套种于果园和茶园作为改土绿肥、牧草、保持水土和公园绿化的草种，是红壤丘陵、山地生态茶园和观光生态果园优良的套种作物。

目前国内引进的平托花生有大叶平托花生与小叶平托花生，均有明显改良土壤和保持水土的效果。其中大叶平托花生更耐旱，鲜草产量高，营养丰富，花期含粗蛋白15.88%，喂养畜禽适口性好，消化率高，效果佳。因此茶园套种植物以提供绿肥或畜牧饲料为主要目的可选种大叶平托花生。小叶平托花生较耐寒，覆盖地面速度较快，草被紧贴地面，较矮且整齐，花期长，花、叶美观、草层整齐，观赏价值优于大叶平托花生，有良好的绿化效果，可用于观光茶园套种或园林绿化（图6）。

图6　生草果园的平托花生

（1）整地。为了获得平托花生的高茎叶产量或尽快覆盖地面供绿化观赏，种植前土层必须耕翻或客土加厚，土块整细、整平，排水不畅地块要整畦挖沟。

（2）播种、移栽。平托花生的种植方式可分为三种：种子播种、剪蔓扦插、试管苗移栽。①种子播种。可春播（3～5月）或秋播（8月），多采用春播。播前种子拌根瘤菌，也可直接用荚播种。穴播株行距（25～30）厘米×（25～30）厘米，每穴2～3粒种子，播后覆2～3厘米的细土，之后喷洒除草剂，以除芽前草。②剪蔓扦插。大面积移植可事先育苗，待新根长成后移栽。每年3～9月，选阴雨天剪取健壮植株的中段，每根3～4节，插入土中2～3节，株行距20厘米×30厘米，插后用手压紧，再浇定根水。用100毫克/千克生根粉溶液浸泡插条2小时效果更好。直接剪蔓扦插的，扦插后1周内要保持土壤湿润，以提高成活率。③试管苗移栽。叶片经消毒处理，接种于MS+0.5毫克/升NAA+3毫克/升BA培养基中，培养温度25℃，光照度2 500勒克斯，形成愈伤组织后转接到MS+0.5毫克/升NAA培养基中，15天后可长根、叶。洗掉试管苗根部残留的培养基后移栽到土壤中，早期注意保持一定湿度和光照，以保证有高的成活率，并能正常开花结果。

平托花生引入亚热带地区种植种子产量低，且收种会破坏地表覆盖，而试管苗成本较高，因此目前主要采用剪蔓扦插的方法来扩大栽培规模。

（3）合理施肥。①基肥。贫瘠的土壤在整地时，施土杂肥或厩肥0.7 ~ 1吨/亩。②追肥。平托花生虽能在贫瘠的土地生长，但易使植株叶片淡黄，茎叶产量降低，因此在新垦果园套种时要用根瘤菌拌种，以促进生长。为了达到预期的目标，要适当追施肥料，农家肥、化肥均可，以适当增施氮肥为主，可施氮磷钾复合肥10千克/亩。施肥能大幅度提高茎蔓产量，在每亩施用尿素和钙、镁、磷肥及氯化钾各10千克的情况下，鲜蔓产量高达1.57吨/亩，其次为施氮、磷肥和氮、钾肥，仅施磷、钾肥的产量最低，仅1.04吨/亩；氮、磷、钾的效应表现为氮>磷>钾，三要素应平衡施用效果最好。

（4）清除杂草。在株行距为30厘米×30厘米的密度下，用种子播种的2个月后覆盖度达100%，而扦插苗（未带根的）则需3个月，在这一阶段要注意除草，以防杂草抑制平托花生的生长；当覆盖度达到100%时其本身的竞争性就很强，无须除杂草。

（5）合理灌溉。平托花生主根深可达80 ~ 100厘米，很耐旱，土壤含水量降至14%时仍不凋萎。但干燥的土壤使植株生长停滞，叶色变淡，茎叶萎缩，影响栽培利用价值。所以适量灌溉，只要浇透即可，不必漫灌。但雨水过多引起积水时，则易发生白粉病。

（6）效益分析。平托花生含粗蛋白15.88%、粗脂肪1.36%、粗纤维29.43%、全磷0.19%、全钙1.38%，干物质可消化率为73%，营养丰富、适口性好。以平托花生喂养肉兔平均日增重21.67克，高于饲喂野生杂草（10.73克）。

平托花生有较强的耐阴和耐踩踏性，茎粗且生长速度快，对土壤表面覆盖严密，径流无法直接冲刷土表，而且匍匐茎节能形成不定根，起到很好的水土保持作用。长期种植平托花生，须根和落叶的腐烂增加了土壤有机质、孔隙度和含水量，改善了土壤的理化性状。平托花生在果园中套种，植被整齐、均一，观赏性好，现已广泛用于观光生态农业。如龙海市龙佳生态观光农业园以平托花生和百喜草等适应性强的牧草替代普通绿化草种，在观光园中进行四季搭配种植，壁面种植百喜草，园面种植平托花生，可做到周年覆盖，既增加观赏性，又可降低养护成本。

5.南方果牧结合果园柱花草生草栽植技术

柱花草属豆科多年生丛生草本植物，是我国亚热带地区的优良牧草，喜高温多雨气候。一般气温在15℃以上可以持续生长，以月均气温在28.1 ~ 33.8℃的6 ~ 10月生长最旺盛。轻霜时茎叶仍青绿，0℃叶片脱落，重霜或气温降至−2.0℃时茎叶全部枯萎。适宜在年降水量为900 ~ 4 000毫米的地区种植，耐受短暂的水浸，但在沼泽地不能生长。在亚热带地区，适应性较强，病虫害较少，可适应干燥沙土、重黏土、酸性瘠薄土壤及山坡土壤（图7）。

（1）整地。柱花草田块整地可采用以下几种方

图7　生草果园的柱花草

法。①全垦。即对土地全面犁翻、锄翻深0.1 ~ 0.15米，适当整碎、整平。②条垦。即每隔0.5 ~ 0.6米犁（锄）翻1行土，深0.2 ~ 0.3米，把土整碎、整平。③穴垦。即每隔0.4 ~ 0.6米挖1个穴，穴的规格是长、宽、深均为0.2米或0.3米，把土整碎后，加入土杂肥、磷肥，混匀填回穴内。然后在填回的松土上面播种。

在整地时要注意以下几点：一是酸性土要撒施石灰，每亩用量为15 ~ 25千克，柱花草适宜在pH为6 ~ 7的土壤中生长；二是贫瘠地每亩要堆埋土杂肥，或穴施、条施畜禽粪拌碎泥1 000 ~ 1 500千克；三是每亩施磷肥10 ~ 20千克。

（2）播种、定植。①播种时间。柱花草一般在3 ~ 9月均可播种，最适播期是3月中旬到4月中旬，采取花生、大豆、玉米地套种牧草方式的地区，其适播期是4月下旬至5月下旬。②播种方法。每亩撒播约0.25千克柱花草种子；条播（行距0.4～0.5米）每亩用种量约0.15千克；穴播（穴距0.4～0.5米，每穴8～10粒种子）每亩用种量约0.1千克。如果将2/3的种子浸种，其总用种量应增加20%。种子处理完毕后，用微泥沙、磷粉混种匀播。播种后要浅覆土盖种，可用竹耙耙土盖种。据试验，柱花草规格以0.2米×0.4米的株行距点播，产草量最高。

（3）田间管理。①查苗补缺。遇到死苗、缺苗的情况，可采取补播的方法，全部或局部重新整地播种；也可采取移密补稀的方法，雨天带土移栽柱花草苗。如苗根太长，可切根尾后移栽，之后加强施肥管理。②肥水管理。要抓住时机，及时追施断奶肥，巧施促长肥。当柱花草长出3片真叶、苗高3～7厘米时，应抓住雨后土层湿润的机会追施断奶肥。每亩施尿素2～3千克或复合肥3～4千克，如能浇施粪水或沼液，效果更好。当苗高约25厘米时，在雨天进行第二次追肥。当苗高40～50厘米时，在雨天进行第三次追肥，每次每亩施尿素2～3千克或复合肥3～4千克。每次割草后每亩追施1次复合肥3～4千克或尿素2.5～3千克。施肥是取得牧草高产的关键。③防治杂草。播种前对原植被处理不彻底，造成牧草幼苗期杂草多，影响牧草生长，甚至荫蔽死亡。在实际生产中，主要有以下四种清除杂草的方法：一是撒播的田块可人工拔除杂草，条播、穴播的田块可用锄头铲除行株间杂草，对混生在牧草丛中的杂草要用手拔除，拔除杂草一定要在幼苗期进行；二是对沃土杂草多的应多施磷、钾肥，少施氮肥；三是喷施稀禾啶，对单子叶禾本科杂草，三叶期时每亩用稀禾啶0.2 ~ 0.25千克，兑水40千克，稀释后在晴天喷雾于杂草茎叶上，喷药2 ~ 3天后追施肥料，促进生长；四是及时拔除恶性杂草，使牧草得到良好的光照、水分条件，防止牧草荫蔽死亡。④病害防治。柱花草的主要病害是炭疽病。该病发病期为4月下旬至6月中旬以及9 ~ 10月，主要侵害叶片、叶柄、花序和茎秆等部位，病斑呈椭圆形、梭形、多角形或圆形，褐色斑点。该病可通过建立无病种田防治，将种子用80℃温水浸种3分钟或60℃温水浸种10分钟，再用0.1 ~ 0.2%多菌灵浸种10 ~ 20分钟；或用50%多菌灵可湿性粉剂拌种，每100千克种子用量0.5千克；也可用5%多菌灵可湿性粉剂稀释1 000倍或0.4%硫黄·多菌灵在晴天喷雾于牧草叶上，每隔2天喷1次，连续喷施3 ~ 5次；或用75%百菌净可湿性粉剂600 ~ 800倍液喷雾；或用50%克菌丹可湿性粉剂400 ~ 500倍液稀释喷雾；或用1%波尔多液喷雾防治，在病害发生前每隔15 ~ 20天喷雾1次；或用苯来特50%可湿性粉剂稀释1 000倍喷雾；或用50%硫菌灵可湿性粉剂稀释500 ~ 1 000倍液喷雾。⑤刈割收获。生草第一年，柱花草草层高度达0.8 ~ 0.9米时即全面割草1次；如管理得当、长势良好的田块，当年可在7月下旬至8月中旬和10 ~ 11月再割2次。宿根牧草可1年割3次，分别在5月、7 ~ 8月、

10 ~ 11月各进行。畜牧结合果园，生草第一年后可采取随割、随用的方式，以保证牧畜每日新鲜牧草的供应。如天旱、肥水条件差的则不宜多割。要兼顾质量和产量才能获得高效益。采收柱花草时应注意刀具要锋利，防止拔脱草头；采收时应留柱花草（头）0.2米以上，不可留茬过低；应在盛花期以前收割，不可过老。

（三）南方种植不同果树果园的生草模式及技术

1.葡萄园

当前，我国葡萄园人工生草主要推广套种蔬菜的模式，适宜的蔬菜品种可分为11大类：甘蓝类（如花椰菜等）、芥菜类、绿叶菜类（如菠菜、莴苣等）、白菜类、瓜类、豆类、茄果类（如辣椒等）、根菜类、薯类、葱蒜类和食用菌类（表4）。葡萄园套作蔬菜既可保水、保墒，减少清理杂草、防治病虫害的工作量，又可提高土地利用率，产出有机蔬菜，增加收入。有研究发现，葡萄园内套种黄瓜可明显提高葡萄产量，因为黄瓜苗在生长时会分泌葫芦素C、九碳链等化学物质，有助于葡萄苗的生长发育，尤其是九碳链分泌物会释放一种气味，对葡萄常见病虫害有抑制作用。另有研究指出，套种黄瓜可使葡萄褐斑病、霜霉病的发病率均下降。

表4　果园常见套种蔬菜的种植特点

种类	种植时间	生育期(天)	每亩种植数量	产量(吨/亩)	每亩产值(元)	茬数	栽植方式及规格	病虫害	用肥特点
芥菜	9月上中旬	60～70	1 000株	2.00	800～1 000	1	穴播；每畦4行，株距60～70厘米	少量蚜虫	重基肥，前期浇水肥，薄肥，中期加大追肥量
莴苣	1月上旬	100	1 500株	0.75	750～1 000	1	穴播；每畦4行，三角定植，株距30～40厘米	霜霉病，注意烂损	前期生长慢，施薄肥，抽茎时追肥
黄瓜	9月下旬	70～150	4 000株	1.50～2.00	2 250～3 000	1～2	穴播；每畦2行，每穴1株，株距25～30厘米	防治植株早衰和病害	施足基肥，整地时，深耕增施腐熟有机肥

（续）

种类	种植时间	生育期（天）	每亩种植数量	产量（吨/亩）	每亩产值（元）	茬数	栽植方式及规格	病虫害	用肥特点
花椰菜	9月上中旬	80～90	800～1 000株	1.25～1.50	1 000～2 500	1～2	穴播；每畦4行，株距60～70厘米	钻心虫	重基肥，前期浇水肥，薄肥，中期加大追肥量
白菜	9月上旬	60～70	1 200株	1.5	1200～1 500	2	穴播；每畦4行，株距30～40厘米	软腐病、霜霉病，注意防治	重基肥，薄肥勤施，结球时追肥
结球甘蓝	10月	120	1 000株	1.50	800～1 000	1	穴播；每畦4行，株距50～60厘米	病虫害轻	施基肥，苗期薄肥，中期追肥
茼蒿	8月下旬	35～40	播种2.0千克	0.50	1 200	1	条沟播或直播盖种	病虫害较轻	浇水肥，薄肥勤施

（续）

种类	种植时间	生育期（天）	每亩种植数量	产量（吨/亩）	每亩产值（元）	茬数	栽植方式及规格	病虫害	用肥特点
青菜	9月	25～40	播种0.5千克	0.50	500～800	2～3	条沟播或直播盖种	病虫害轻	浇水肥，薄肥勤施
韭菜	4月	25～35	5万～8万株	1.0～1.5	2 000～4 500	1	条沟播或育苗移植	灰霉病、疫病、韭蛆	施足基肥，苗期、割后追肥
苦瓜	8月下旬	100	400株	0.50～0.75	1 500～2 000	1	用竹条搭三脚架		浇肥，薄肥撒施
豌豆	10月	80～90	600株	0.25～0.30	700～800	1	用竹条搭三脚架	病虫害轻	轻施，少施
南瓜	9月	80～90	350株	1.25～1.50	500	1	穴播；定苗每穴1株	白粉病，叶甲	施好基肥，拔节时施追肥

（1）幼龄葡萄园套种韭菜模式。春季育苗，秋季定植，适时采收。

品种选择及育苗：选择适合越冬栽培的韭菜品种，要求叶色较深，生长势强，辣味浓，高产优质，且对抗病虫害能力强，抗寒、耐热。建议选用太空育种技术选育出的航韭品种，必须使用高纯度的原种播种。一般春季播种，当田间地下10厘米处温度稳定在12℃时，即可播种；育苗地要选择平整、肥沃、疏松、透气的壤土或沙壤土；栽种10亩韭菜需建1亩的育苗圃，播5千克原种，种子要浸种催芽育苗，每亩育苗圃施土肥10吨、复合肥50千克作底肥。均匀播种，合理密植，播种后要加强苗期肥水管理，做好病虫草害防治工作，培育健壮的韭菜幼苗。

及时定植：一般春季育苗，秋季定植，苗龄约120天。定植前施足基肥，整地前每亩施优质农家肥5 000千克，饼肥300 ～ 700千克，氮磷钾三元复合肥（15-15-15）50千克。深翻整平耙细。将韭苗定植在幼龄葡萄行中间，行距33厘米，株距10厘米，每穴定植3 ～ 4株，拉线开沟，沟深20厘米，每亩定植12万株基本苗。

定植后管理：定植后应加强肥水管理，以养根壮秧为目的，及时浇足定植水和缓苗水，及时除草和防治病虫害，适时中耕。冬季韭菜休眠后，每亩施有机肥1 000千克、复合肥50千克，深锄中耕，浇1次封冻水，确保韭菜安全越冬。

采种期管理：采种田栽种当年就进入丰产期，要根据所繁育品种的特性进行管理。一般春季可收割1茬鲜韭，进入4月停止收割，每亩施尿素20千克、磷肥30千克，施肥后深锄，使土壤与肥料掺匀，并浇水1次，促进植株加快生长。进入5月下旬，要严格控制浇水，进行蹲苗，以利于光合产物的积累，促进韭菜花芽分化，多抽生花薹。进入6月可追施抽薹肥，一般每亩追施复合肥25千克、尿素10千克，促使薹粗、薹壮。盛花期每亩喷施高硼肥1千克、磷酸二氢钾1千克，可促进多开花，提高授粉结实率；开花后追施磷、钾肥。灌浆期应及时浇水，增加粒重，为提高种子质量，应将过晚抽生的花薹摘掉，使收获期集中，减少落粒。防治杂草要用人工除草和化学除草相结合的方法，化学除草应在抽薹前进行。

病虫害防治：病害要重点防治灰霉病，虫害以防治韭蛆为主。预防灰霉病要注意通风、降温、排湿，药物防治用50%腐霉利可湿性粉剂1 500 ~ 2 000倍液，于每茬韭菜收割后3 ~ 4天、新芽已出土时喷洒防治。若已发病，则用腐霉利烟剂熏棚防治。韭蛆用40%乐果乳油1 000倍液，或拟除虫菊酯类农药3 000 ~ 5 000倍液，或48%毒死蜱乳油2 000倍液灌根防治；韭菜生长期间，地下害虫也可用90%晶体敌百虫100克用温水化开，拌入3千克炒麦麸于傍晚撒放在田间诱杀害虫。花序散苞前发现有韭螟虫要及时防治，可用40%氯氰菊酯乳油2 000倍液喷雾防治。

该模式有利于葡萄园土壤保水保墒，增加幼龄葡萄苗成活率和生长速度，并能增加经济产收（2 000

元/亩以上），提高土地利用率。

（2）冬季葡萄园套种芥菜模式。叶用芥菜一般在8～11月播种育苗。

播种、育苗：品种以选用大叶芥为主，如水南芥菜、福州阔批芥菜、古田满街拖芥菜等鲜食品种；也可选牛尾芥等腌制品种。叶用芥菜的栽培多是育苗后移栽，但小型品种也可直播，每亩播种750克，可供30～40.5亩大田用苗。芥菜种子细小，苗床整地要精细，播种苗床要选择保水保肥力强的壤土，播种后每亩要浇5%人粪尿水450～550千克，并覆盖园土0.3～0.7厘米厚，再薄盖一层稻草保湿。播种后即浇第一水；翌日或隔日出苗时浇第二水；苗出齐后可因地制宜浇第三水；以后每隔长出2～3叶浇1次水。幼苗长有2～3片真叶时间苗一次，苗距以3～5厘米为宜。间苗后再浇1次稀肥水，每亩施用0.1%尿素水溶液450～550千克，使幼苗生长健壮。

移栽管理：施足基肥，增施腐熟的有机肥，每亩施腐熟厩肥700千克、人粪尿1 000千克和草木灰100千克，做成沟宽1.5米，高20厘米的高畦备用。当苗高14～16厘米，具有5～6片真叶时定植。苗龄一般在20～35天。一般栽植株行距30厘米×40厘米，每亩栽植5 500株，晚播的栽植7 000～8 000株，定植芥菜宜浅。定植时每百株用石灰1.5千克与多菌灵按3：1混合施入穴内与土壤拌匀，进行土壤消毒。

大田管理：合理施肥，芥菜追肥以施氮肥为主，生长期间追肥5～6次，一般是定植成活后即可追肥，施用稀薄人粪尿或1%尿素水溶液，每穴浇施0.5千克，每7天施1次，连续2～3次，九叶期开始到采收前15天，每生长2片叶施三元复合肥2千克/亩、尿素3～4千克/亩。掌握前期轻施、中期重施、后期看苗补施的原则，若植株生长正常可不施肥。芥菜需水量较大，全生育期要保持土壤湿润，冬春多雨时节，应及时排水防涝，减少病害发生。芥菜每次追肥之前用齿锄中耕松土，未封行之前，松表土，消灭杂草，土不要堆在菜头。

病虫害防治：选用抗病品种，合理轮作，发现病株及时拔除，做好清沟排涝和田块消毒工作。准确预测病虫害，提高防治效果，减少农药用量，禁止使用剧毒、高毒农药，使有益生物得到有效繁衍。芥菜的主要病虫害是病毒病、软腐病、霜霉病、枯萎病、菜青虫和蚜虫。病毒病发生时及时拔除病株，并喷洒20%吗胍·乙酸铜可湿性粉剂500倍液，或1.5%烷醇·硫酸铜乳剂1 000倍液，隔10天防治1次，连续防治2～3次。软腐病发生时，及时清除病株，带出田外深埋或烧毁，同时应及时防治地下害虫，减少伤口。防治霜霉病可选用64%恶霜·猛锌可湿性粉剂或58%瑞毒霉·锰锌可湿性粉剂500～700倍液，隔7～10天防治1次，连续防治2～3次；防治枯萎病一般用70%甲基硫菌灵800倍液加喷施宝400倍液，隔10～15天防治1次。菜青虫可用2.5%溴氰菊酯3 000倍液或21%氰戊·马拉松（增效）3 000～4 000倍液进行防治。蚜虫发生时，可用20%灭多威乳油

1 500倍液或50%灭蚜松乳油1 000 ~ 1 500倍液进行防治。收获前7天停止用药，在喷药防治病虫害时，叶背、叶面以喷到不流药液为宜，这样方可达到防治的预期效果。

及时采收：芥菜的采收期因品种而异，鲜食品种如福州阔批芥菜有5 ~ 6片叶时就可采收。根据市场需要可整株采收上市或将菜叶、茎梗等分开出售；也可以剥叶采收上市。株型较小的芥菜，则需要充分生长后，采收全株上市销售。

该模式将葡萄园中的富余氮素充分利用，且收获的芥菜增加了农业附加值，提高了农业种植效益，同时，提高了葡萄坐果率，提升了葡萄果品，使葡萄与芥菜生产相得益彰。

（3）露地葡萄园套种莴苣模式。利用葡萄采收结束到翌年葡萄发芽的空闲期套种莴苣。露地葡萄园套种的时间在9月下旬至12月，大棚葡萄套种的时间在9月下旬至翌年3月。莴苣宜早播，否则易抽薹，正常年份露地种植一般在9月1 ~ 5日播种，11 ~ 12月上旬采收。

播种育苗：套种莴苣应选择耐低温的品种，可选用金铭1号、湘株、可大绿洲、金农挂丝红等品种。每亩用种量为20 ~ 30克，选地势高燥，排水良好的地块作苗床。播前7 ~ 10天每10米^{2}的苗床施腐熟的有机肥10千克＋复合肥0.5千克作基肥，在整地前施入后深翻、整平、整细。播前种子经晒种后用清水浸种6 ~ 8小时，待种子吸足水分后取出，用纱布包好，放置于15 ~ 20℃温度下催芽，至大部分种子露白时播种。因种子很小，育苗地的畦面要平整，撒播后盖土、浇水，覆盖遮阳网等保湿、降温，适当稀播，如播种时苗床过干，可在覆盖物上浇水，以尽量不使畦面板结为好。播种后第二天傍晚开始出苗，这时就要揭去覆盖物，切忌在上午揭去覆盖物，否则莴苣易被强光晒死。待长出真叶后间苗，以互不遮挡为准。当幼苗长到3叶1心时，及时分苗，分苗前1天在苗床内浇水，翌日带土起苗。

整地、施肥：莴笋适应性广，根系浅而密集，多分布在20 ~ 30厘米土层内。种植莴苣的土壤要求中性、肥沃、排灌方便，以沙壤土、壤土为佳。在有机质丰富、光照充足、排灌方便、基肥充足的地块种植，易获得高产。葡萄收获后及时翻耕晒地，18 ~ 20天后再翻耕整地，通过暴晒为土壤消毒。亩施农家肥1 500千克+复合肥75千克+硼砂1千克，或亩施复合肥60千克+碳酸氢铵20千克+硼砂1千克。

适时定植：定植在离树干基部50厘米以外。9月上旬播种的出苗后18 ~ 20天定植；最好选阴天定植，如遇晴天，为避免太阳暴晒，要在下午定植。定植株行距均为30厘米，定植后及时浇定根水，促进活棵。12月定植要选晴天，苗龄40天左右，采用地膜覆盖定植，株行距（30 ~ 35）厘米×（30 ~ 40）厘米。一般带土定植，苗床要提前1天浇水，以免起苗时伤根。越冬栽培时可将苗栽得稍深些，将根颈部埋入土中，将土压紧，使幼苗根系与土壤紧密结合。

田间管理：秋季种植最好采用遮阳网覆盖栽培，保持沟渠畅通，排灌便利。高温干旱季节要进行灌水，但不可漫过畦面；肉质茎膨大期，应以施磷、钾肥为主；莴苣生长后期，应摘除老叶、病叶，以利通风，减少病虫害。秋季紫叶莴苣生长时间短，因此在活棵后，要施1次提苗肥，以促进秧苗生长。当叶片由直立转向平展时，要结合浇水重施开盘肥，每亩施尿素20 ～ 30千克。在即将封行时，结合浇水再穴施30千克复合肥，进行中耕培土使植株扩大开展度。一般肥料越足，开展度越大，茎越粗。秋莴苣喜湿润气候，在干旱情况下易导致提前抽薹，茎细肉质，因此要结合施肥经常浇水，保持土壤湿润。水肥不足或温度过高都会引起先期抽薹，宜勤施氮肥，早、晚漫灌或长期滴灌，保持土壤水分，促进茎、叶生长。成活后追施1 ～ 2次淡粪水，越冬前应注意炼苗，不宜肥水过勤，防止苗期生长过旺，要重施1次防寒肥水。翌年春天及时清除杂草，浅中耕1次，追肥浓度应逐渐提高。茎基开始膨大后，追肥次数应减少，浓度降低。采用地膜和大棚栽培的要施足底肥，注意通风管理。地膜覆盖栽培的底肥在盖地膜前要一次施足，雨天排水防涝。大棚栽培的选晴暖天气中耕1 ～ 2次，适时浇水追肥，前期淡粪水勤浇，保持畦面湿润，并浇施1 ～ 2次尿素，15千克/亩。

病虫害防治：莴苣叶簇生，在田间湿度大时，易发生霜霉病、软腐病、病毒病、菌核病，以霜霉病、菌核病危害最为严重，要坚持以防为主，及时采取措施。同时结合排水、除草、抹芽、打老叶等工作，改善通风，减少病虫危害。霜霉病防治可选用75%百菌清可湿性粉剂600 ~ 800倍，或58%雷多米多尔500倍液，或40%三乙膦酸铝可湿性粉剂200倍液，菌核病可选用50%腐霉利可湿性粉剂1 000倍液，50%乙烯菌核利干悬浮剂1 000倍液，50%凯泽干悬浮剂1 200倍液，50%异菌脲可湿性粉剂700倍液，40%菌核净800 ~ 1 000倍，40%嘧霉胺800 ~ 1 000倍等药液，每7 ~ 15天喷1次。

适时采收：一般当莴苣主茎顶端和最高叶片的叶尖相平时可采收。但近年来各地市场需求的标准不同，可根据具体情况确定采收期。

2.桃园生草模式

（1）桃园生草的好处。桃园生草是桃园保持水土、增加土壤有机质和肥力、改善桃树生长环境的有效措施。据调查，生草园瓢虫、草蛉、食蚜蝇和蜘蛛等捕食性天敌和寄生蜂等寄生性天敌种群数量增多，桃园利用天敌控制虫害的能力明显增强，生草桃园在使用化学农药次数和种类减少的情况下其虫害比清耕桃园尚轻。桃园生草可使土壤的温、湿度昼夜变化和季节变化幅度减小，有利于桃树的根系生长和对养分的吸收。雨季来临时，草能够吸收和蒸发水分，缩短桃树淹水时间，增加土壤排涝能力；高温干旱季节，草间作区由于地表覆盖好，可显著降低土壤温度，减少土表水分蒸发，对土壤水分调节起缓冲作用，有利于果树的生长发育（图8）。

图8　桃园生草后四季的效果

白三叶、百喜草、黑麦草等竞争力强，成坪后能有效抑制多种杂草生长，抑制率达55%～70%，尤其能抑制蓼、藜、苋等恶性阔叶杂草，对扛板归等恶性杂草也有一定的控制作用。白三叶、百喜草、黑麦草成坪后，基本不需要人工除杂。

随着近年来观光休闲农业的发展，农家乐深受广大消费者喜爱。春季桃花盛开时，生草桃园已是一片碧绿，桃花的盛开时可供游客观赏。桃园生草可发展观光休闲农业，增加果园淡季收入。

（2）桃园生草方法。

草种选择：宜选择与桃树和谐生长、容易繁殖、抗性好、易于被控制、经济价值明显的草种，适宜的草种有白三叶、黑麦草、百喜草等。可单一种植，也可组合混种，增加生物多样性。实际应用时，可根据不同的需求特点来选择单种还是多种混播。其中，单一种植白三叶的适用范围较广，可保持水土、增加土壤养分、实现生态养殖、发展观光农业等。黑麦草是一种优良的饲草植物，生长较快，果园生草结合牛、羊养殖时可考虑种植黑麦草。百喜草保持水土能力较好，对于贫瘠的坡地更为适用。组合混种方面，包括“三草合一”和“二草合一”模式，“三草合一”主要是指株间以黑麦草与白三叶混播，行间种植百喜草，适合发展养殖副业的桃园；“二草合一”是指株间种植白三叶或黑麦草，行间种植百喜草，适合水土易流失的桃园。

种植时间：白三叶最佳播种时间是春秋两季，最适生长温度为19 ～ 24℃。春季播种可在3月中下旬气温稳定在15℃以上时进行。秋季播种一般从8月中旬开始至9月中下旬，秋季墒情好，杂草生长势弱，有利于白三叶生长成坪，因此较春季播种更为适宜。黑麦草不耐高温，宜秋播，具体播种时间为9月中旬至10月上旬。百喜草宜春播，时间为3月中旬至4月上旬。

播种方法：①整地与播种。白三叶、黑麦草和百喜草适宜的播种量分别为1 ～ 1.5千克/亩、1 ～ 1.5千克/亩和1.5千克/亩。种子在播种前一天用50℃左右的热水浸种，边搅动热水边倒入种子，搅动到室温后浸种8小时，捞出后晾干即可播种。播种前结合整地施磷肥50 ~ 70千克/亩，尿素7.5千克/亩。将地整平、整疏松，不要有大土块，将种子与适量细土或沙子（混钙、镁、磷肥亦可）拌匀后撒播在地表，均匀翻耙，覆土0.5 ~ 1.5厘米。播种时可结合天气预报，采用干种等雨的方式。种植方式采用条播、撒播均可。春季以条播为好，行距20 ~ 30厘米；秋季以撒播为好。由于树盘上的草会与树根争水、争肥和争氧，不利于果树正常生长，一般要求幼树果园，只能在树行间种草，草带应距离树干基部40厘米左右，作为施肥营养带。而成龄果园，可在行间和株间都种草，但最好不要在树盘下种草。②苗期管理。除了播种前施足底肥外，在苗期应施尿素4 ~ 5千克/亩作为提苗肥。可结合灌水施肥，也可趁天雨撒施或叶面喷施。白三叶苗期固氮菌尚不能发挥固氮作用，需补充少量的氮肥，待成坪后则只需补磷、钾肥，百喜草和黑麦草则还需一定的氮肥。苗期应保持土壤湿润，成坪后如遇长期干旱也需适当浇水。苗期需清除杂草，尤其是蓼、藜、苋、扛板归等恶性阔叶杂草。③刈割与翻耕。播种后的第一年，因苗弱、根系小，不宜刈割。从第二年开始，每年可刈割3 ~ 5次。刈割时留茬10厘米左右（黑麦草可留5厘米左右），以利再生。当桃园草高度长到30厘米左右时，需进行刈割。割下的草可就地覆盖或覆盖在树盘上，以利保墒。若桃园结合养殖，则不需刈割，只需轮流放养和休闲。3 ~ 5年后进行全园翻压，闲置1 ~ 2年后再重新播种生草。

3.柑橘园生草模式

柑橘园生草栽培即在行间生草或种植绿肥，覆盖果园地表，或有计划地种植绿肥进行深翻压绿，以园养园。该方法是目前柑橘园特别是幼龄未封行柑橘园较理想的土壤管理方法，也是一项省力化栽培技术。柑橘园生草具有增加土壤有机质含量，改善土壤理化性质，提高土壤保水、蓄水能力，提高果实品质和产量，改良果园生态环境以及省工省力等特点。

（1）柑橘园人工生草模式。

草种选择：柑橘园进行生草栽培，草种选择是关键。我国柑橘产区多为南方红、黄壤地区，土壤瘠薄、偏酸性，春夏季多雨，果园水土易流失；夏秋季高温干旱，地表温度高，易伤根，因此应选择耐贫瘠、耐高温干旱、水土保持效果好、适于酸性土壤生长的矮生浅根性草种，如百喜草、马唐、藿香蓟、柱花草、光叶紫花苕子、黑麦草等，或种植决明、猪屎豆、绿豆、紫云英、田菁等绿肥。其中藿香蓟根系浅生，绿肥量大，每亩鲜草量可达3 000 ～ 4 000千克，是柑橘园生草的好草种。藿香蓟的花粉又是捕食螨的食料，有利于天敌的繁衍及防治红蜘蛛。沙性土壤可选用马唐，提倡两种或多种草混种，特别是豆科植物和禾本科植物混种。豆科植物往往根部有根瘤菌，能固氮，磷、钾富集能力也较强，分解腐烂快，能较快地补充土壤碱解氮和其他矿质养分。禾本科植物腐烂分解较慢，更有利于土壤有机–无机复合胶体的形成和土壤有机质含量的提高。混种既能充分利用土壤空间和光热资源，提高鲜草产量，又可以增强群体适应性、抗逆性。一般混种比例，豆科植物占60%～70%，禾本科植物占30%～40%。园内不宜间作高秆作物（如玉米等）及缠绕性作物（如豇豆等）。

管理技术：①生草种植。人工生草种植有直播和育苗移栽两种方式。直播生草即在果园行间直接播种草种，这种方法简单易行，分为春播和秋播。春播可于3月下旬至4月播种，秋播在8月中旬至9月中旬播种。播种前将果树行间深翻20～25厘米，整平、灌水，墒情适宜时播种。可采用沟播或撒播，沟播先开沟，播种后覆土；撒播先播种，然后在种子上面均匀撒一层干土。育苗移栽即在苗床上集中育苗，之后移栽到园中，移栽采用穴栽，每穴3～5株，穴距15～40厘米，栽后及时灌水。在播种前利用除草剂灭除杂草，即在播种前先灌溉，引诱杂草出土后施用除草剂，待除草剂降解后播种。②苗期管理。出苗后根据墒情灌水并注意及时补苗，可随水施些氮肥。及时去除杂草，特别是株型较大的恶性杂草。③刈割。果园生草几个月后，待植株高达30厘米以上时开始刈割，一个生长季刈割2～4次，割下的草覆盖树盘。这样既可以控制草的高度，还能促进草的分蘖和分枝，提高覆盖率，增加产草量。秋季长起来的草到冬季留茬刈割覆盖，可起到防冻的作用。④施肥、灌溉。草播下后还应进行施肥灌水，一般来说，除播种前应施足底肥外，在苗期，每亩应施尿素4～5千克以提苗，年施尿素15～20千克。一般刈割后宜施肥、灌溉，或随果树一同进行肥水管理。施肥应结合灌水进行，也可趁下雨撒施或叶面喷施。

（2）柑橘园自然生草模式。柑橘园中生长的杂草很多，凡是植株高度小于60厘米、无宿根性、对桔树影响不大、易用化学除草剂杀死的杂草均可保留，如艾蒿、蒲公英、鸭舌草、鬼针草、三叶草、酢浆草、宽叶雀稗、狗尾草和香根草等。柑橘园恶性杂草主要指根深、高大的杂草（如芦苇、竹节草、香附子等），或具有缠绕、攀爬、吸附特性的藤本植物（如田旋花、野葛、牵牛花、菟丝子等），这类恶性杂草必须拔除，或用除草剂灭除。

管理方法：①刈割控草。及时刈割可有效控制柑橘园恶性杂草分蘖、结籽，应在恶性杂草植株不超过60厘米、未开花结果前进行刈割。一般在雨季让杂草自然生长，旱季割草覆盖树盘。南方柑橘园一般在梅雨季节结束（6月下旬至7月上旬）后刈割，割草覆盖树盘可缓解旱季果树缺水，但需注意离根颈15～30厘米内不能覆盖，因为虫害易潜伏于枯草下，枯草腐烂也易生病菌，覆盖果树根颈部可能会影响到果树存活。也可以用低毒除草剂按说明书配制成一定浓度药剂喷布，将恶性杂草杀死。草死后不要翻土，否则土中的草种子会迅速萌发，很快蔓延生长，待秋季再压入土壤中，以起到改土、保水、降温、防止水土流失的作用。②中耕除草。采用中耕方法去除恶性杂草，但中耕次数太多易造成果树伤根，不利于果树生长，应尽量减少柑橘园中耕次数，一年最多进行2～3次。中耕时，树盘内宜浅耕，改良土壤透气性，促进根系生长。树盘半径1米内不可生草，特别是幼树。利用中耕方法可以有效去除深根性恶性杂草，如芦苇、竹节草和香附子等（图9）。

图9　柑橘园自然生草

4.火龙果园生草模式

火龙果园实施生草栽培对保持水土、增加土壤有机质和肥力，改善火龙果生长环境具有重要作用，可达到节本增效的目的。在草类植被的作用下，火龙果园夏季地表温度可降5～7℃，冬季可增温1～3℃，能有效防止夏季日灼和冬季冻伤茎干。持续生草栽培5年的火龙果园，地表土壤有机质含量可由0.5%～0.7%提高到1.0%～2.0%，有效营养元素如氮肥、有效磷、速效钾及多种有益微量元素的含量均可明显提高。在不出现肥水竞争的生草火龙果园，果实更香甜，色泽更鲜艳，化渣更彻底，品质极佳。火龙果园生草可降低除草成本，提高经济效益。

（1）自然生草法。于火龙果种植后第一年的冬季实施全园深翻改土，让杂草自然生长，每隔一段时间拔除多年生和攀缘恶性杂草，留下一年生杂草。杂草生长高度超过50厘米时，可用割草机在距地面5～10厘米处割除，使割下的杂草自然覆盖于地表。火龙果的追肥可以在雨后草叶上的雨水干后撒施于草丛中。

（2）人工生草法。火龙果园常搭配种植的草有紫花苜蓿、菊苣、鼠茅、白三叶、柱花草和百喜草等。①播种前准备。播种前先清除火龙果园内杂草，再翻松厢面土壤，每亩用钙镁磷复合肥6千克拌种作基肥，或用专用型根瘤菌拌种，拌种需均匀；增施肥料可以促使苗生长旺盛，拌种可使播种均匀。②播种。在3月下旬播种，如果火龙果园土壤较干，最好在土壤湿度较大时或阴天播种，有利于齐苗。采用穴播、条播、撒播均可，播种深度以1厘米为宜。③中耕除草。苗期生长较慢，需适时中耕除草1次，清除杂草，适当松土，将沟土回覆畦面。④肥水管理。幼苗返青后，每亩用1千克尿素追肥，促进高产；第一次刈割后应适当追肥，且火龙果园易旱，中后期应注意灌溉。⑤割青。长到40厘米高时，留茬5厘米刈割，以防影响火龙果生长，刈割后覆盖于树盘内或作牧草喂牲畜。

（3）套种鼠茅栽培法。鼠茅一般在9月底至10月底播种，翌年3～5月为旺长期，地上部呈丛生的线状针叶，匍匐生长，6月中下旬连同根系一并自然枯死(散落的种子于秋分至霜降萌芽出土)。鼠茅与火龙果的水分、养分竞争期比较短，7～9月枯死的草叶覆盖果园，可有效防止暴雨对表土的冲刷；随着枯草的腐烂，可为火龙果提供养分。9月底至10月初，当气温下降到鼠茅适宜萌芽的温度时，散落的种子又可从枯草层中直接萌芽，无须再进行人工播种，这样既可节省全年的除草成本，又可快速提高表土层的有机质含量。

栽培技术要点：先锄净田间杂草，整平并浇湿畦面。每亩播种量1.5～2.0千克，播种后轻轻镇压，覆土0.5～1.0厘米厚。12月每亩撒施尿素10千克；翌年3月每亩撒施尿素30千克，后喷淋表土。

（4）套种豆科植物栽培法。豆科植物根瘤可固定大量氮素，可以较大幅度地提高土壤的含氮量，对改良土壤、提高肥力极有益。可于2月中下旬在火龙果的株行间（距火龙果植株基部50厘米左右）套种秋大豆或3月中旬套种花生等，采收后将其藤蔓覆盖于畦面（图10）。

图10　火龙果园生草模式（周金鹏　摄）

5.猕猴桃园生草模式

猕猴桃园行间生草可以减少的土壤水分蒸发，增加绿肥施入，从而增加土壤有机质含量。在猕猴桃果园的栽培中，树体微系统与地表草被微系统的物质循环可加快土壤熟化。有试验表明，生草果园果树叶中全氮、全磷、全钾含量明显高于清耕果园，花芽质量和结实率相比清耕果园也显著提高。

（1）草种选择。宜选择高度合适、生长快、具有固氮性能、管理方便的草种。可以单一种植，也可以多种草混种，不宜选高秆和攀缘草种。可选择的草种包括光叶苕子、白三叶、黑麦草、百喜草和紫花苜蓿等。

（2）生草方法。可以通过播种或移栽来生草，猕猴桃园生草最佳时间为春季和秋季，春播一般在3月下旬至5月上旬，秋播一般在9 ～ 10月。

整地与播种：播种时确保土壤墒情较好，可以选择条播或者撒播。条播行距控制在30厘米左右，为播种均匀可以把种子和土拌匀再撒入播种沟内，播种后覆土，覆土厚度一般为5 ～ 10厘米。一般播种后10天左右对杂草进行清除。移栽一般从现成草地分株取苗，在移栽前果园要提前浇好水，等待土壤分墒后开沟，深10 ～ 15厘米，保持行距30厘米，株距10 ～ 12厘米进行移栽，移栽后宜喷灌，不宜进行大水漫灌。猕猴桃园应根据果树株行距和树龄确定生草带宽度，一般幼龄果树生草带可稍宽些，成龄果树宜窄，以提高果树种植面积。

刈割控草：播种或移栽当年由于草苗较弱小，一般不刈割。从翌年开始，在草长到足以覆盖地面后进行刈割，以促进草更好地分蘖。通常每个生长季刈割一次，但具体次数要根据生草的成长情况来定，一般当草长至30厘米时就需要刈割一次，留茬不低于10厘米。草覆盖率与根系的生长情况关系到猕猴桃树生长的情况，刈割既可以人工刈割也可以机械刈割，秋季的不必再刈割。

施肥管理：播草种时已为果树每边顺行留出1米多宽的营养带，故可在营养带内施有机肥和化肥。近年来，在生草园施蚯蚓粪肥成为不错的选择。蚯蚓粪中含有大量草需要的养分，是一种纯天然、高营养的肥料。施入蚯蚓粪促进了土壤有机质分解，有利于草的生长，增强猕猴桃对病虫害的抵抗能力。

6.苹果园生草模式

在苹果园种植有益草种，增加果园植被多样性，可明显改善果园生态环境，提升果园肥力，降低苹果园气温，增加果园相对湿度，增强天敌对害虫的自然控制能力，提升苹果品质（图11）。

（1）幼龄苹果园生草模式。新建未挂果果园或幼龄果园可种植红三叶。红三叶种子发芽最适温度为22～26℃，低于10℃或高于36℃不发芽，较耐寒，春播宜在4月下旬至5月上旬（地温高于15℃），秋播在8月下旬。

图11　苹果园生草（马永强　摄）

播种：每亩播种150克左右。红三叶种子硬粒较多，播种前宜浸种催芽或碾磨破皮，以利于种子萌发。于果树行间设置种植带，种植带宽度以1.5米为宜，撒播、条播均可。条播前施肥，每亩施过磷酸钙50千克、氯化钾25千克、硝酸钙2千克、硫酸亚铁1千克（或用生物磷肥、钾肥1千克拌种），将其集中施在播种带。撒播时可将浸种后晾干的种子与一定量的草木灰混合均匀，间隔10厘米左右播一行，播后用钉耙耙一遍即可。

田间管理：出苗封地之前拔除杂草。出苗后若遇干旱，可用喷雾器向三叶草喷水，待出苗后30天左右每亩撒施尿素2.5千克（趁雨墒）。果树喷药防虫时，同时给三叶草喷施，以达到防虫的效果。清园时可在覆盖的三叶草上重喷一次杀虫杀菌剂，以消灭在三叶草里越冬的病菌和害虫。勤除杂草。

割草覆盖：三叶草开花前，刈割留茬3～5厘米，割草覆盖果树行间、株间地表，几年后可形成一层腐殖质保护层。春播当年可刈割1次，秋播当年不宜刈割。

红三叶植株较高，产草量较大，果树尚小时，两者争水、争肥矛盾不突出。行间种草可保水、保温、增肥，改善土壤结构，调节小气候，减少果园病虫害发生率，增加幼龄果树生长速度和成活率。

（2）苹果园混合生草模式。可选择紫花苜蓿、白三叶和黑麦草混合播种，每亩用草种1.2千克。其中，紫花苜蓿0.2千克，白三叶0.4千克，黑麦草0.6千克。适宜播种期为5～9月。进入雨季后，杂草种子萌发出土，最好在除去杂草后再播种。秋季墒情好，杂草生长势弱，可避开草荒，减少清除杂草的繁重劳动。

平整土地：对果园进行翻耕，翻地深20～25厘米，整平、耙细，并清除杂草。

播种：将混合草种与钙、镁、磷肥（每亩2～3千克）充分拌匀后进行条播，条播行距20厘米左右，播种深度0.5～1.5厘米，播后覆土。

肥水管理：出苗后要及时查苗，移密补缺。生草后苗期应保持土壤湿润，干旱条件下应进行人工浇灌，保证出苗率。一般播种后5～7天即可出苗，适时进行人工清除杂草，特别是春季生草的果园，进入雨季后应及时灭除杂草，否则会影响生草效果。生草果园应撒施肥料，苗期以氮肥为主，成坪后以磷、钾肥为主，每亩10～20千克，特别是春夏季，草的生长量大，应适当增加肥料用量。

定期刈割：生草的前几个月最好不要刈割。果园草成坪后，草根已扎稳，营养体显著增加，有很强的抑制杂草能力，一般不需要人工除杂草，应适当控制草的长势，适时刈割，以缓和春季与果树争水、争肥的矛盾。一般草高30厘米时开始刈割，全年刈割3～5次，使整个生长季果园植被高度控制在15～40厘米。刈割下的草可于树盘覆盖，就地撒开或开沟深埋与土混合沤制成肥，也可用作饲草。

草的更新：一般生草6～8年后，草逐渐老化，同时土壤表层形成了板结层，影响果树根系的养分吸收和生长，应及时进行更新草层。更新方法为深翻果园，将草翻压于地下，休闲1～2年后重新播种草。翻压时间以春季为宜，翻耕后能促进有机物分解，速效氮激增，这时应适当减少或停施氮肥。

该模式混合草种中含豆科植物，固氮效果较好，成坪后可减少氮肥施用量，改善土壤结构，增加土壤生物多样性，加速物质循环。该模式适合与畜禽养殖业结合发展。混合草种形成致密植被层，可有效抑制杂草生长，并形成良好的整体景观效果，有利于生态农业建设。

（3）成龄苹果园自然生草模式。

拔除恶性杂草：对果园中个别长势过旺、过高的恶性杂草进行人工拔除，如小飞蓬、一年蓬、反枝苋、酸模叶蓼、苍耳、马唐、牛筋草、狗尾草、虎尾草、芦苇、菟丝子等。保留果园内一些长势中庸的杂草，如蒲公英、茵陈蒿、荠菜、早熟禾、猪殃殃、车前、看麦娘、马齿苋、菥蓂等。

生草管理：在6～8月，根据果园野草长势，适时人工刈割或机械刈割。通常在野草长到40厘米左右时机械刈割，覆盖于行间或树盘下，留茬高度6 ~ 8厘米，全年割除3 ~ 5次。果园恶性杂草多株型较大，应在开花结果前拔除，防止恶性杂草结实，加重翌年杂草清除负担，并严格控制周边区域此类杂草种源，若发现应及时清除。

苹果园自然生草模式可改善果园小气候和土壤肥力结构，管理成本相对较低，有利于病虫害综合治理。但对果农来说，有益、有害杂草种类不易识别，往往造成误除。

7.梨园生草模式

梨园人工生草可选择的植物主要有紫花苜蓿、白三叶等。以紫花苜蓿为例，梨园人工生草主要采用直播生草法和穴栽法。

(1) 直播生草法。即在果园行间直接播草种。春播3 ~ 4月，秋播9月。

清除杂草：通常在播种前施用除草剂清除杂草，除草剂宜选用降解快的广谱性种类。也可播种前先灌溉，促进杂草出土，待杂草出土后再施用除草剂，15天后再播种。

土地整理：清除枯木、石头等大块杂物，并采用机械或人工平整园地，细致翻耕松土，整理好排灌沟。

灌溉、播种：撒施基肥，基肥主要使用有机肥或农家肥，农家肥每亩用量1 500千克；利用排灌沟或滴灌、喷灌设施进行灌水，墒情适宜时播种。

播种后管理：出苗后及时去除杂草，适时浇灌以保持土壤水分。

该方法简单易行，但用种量大，而且在草的幼苗期要人工除去杂草，用工量较大。

（2）穴栽法。即在苗床集中育苗后移栽的方法。育苗时间2～3月（可采用温室育苗）；移栽时间3～5月（北方寒冷地区适当延迟，以平均温度上升到10℃以上为宜）。

温室育苗：在温室内采用育苗盘或育苗钵集中育苗，可减少播种用量、增加育苗成活率。育苗土采用疏松的自然土或草炭土，每穴播种3～5粒，及时浇水保墒，苗长至5～10厘米时移至温室外进行炼苗，炼苗3～7天后可移栽。

清园：用机械或人工清除园地杂物、杂草。

土地整理：生草前平整地块、松耕土壤。

幼苗穴栽：人工穴栽幼苗，每穴3～5株，穴距15～40厘米（豆科植物穴距可适当增加，禾本科植物穴距可适当减小），栽后及时灌水。

播种后管理：出苗后，根据墒情及时补水，随水施些氮肥，及时去除杂草，特别是株型较大的恶性杂草。有断垄和缺株时要注意及时补苗。果园喷药时应尽量避开草丛，以便保护草中的天敌。

该方法用种量少，成活率高，生草幼苗期人工管理相对较少，但温室育苗及穴栽用工量较大，工作效率相对较低。

（3）后期管理维护。主要包括水肥管理和刈割更新。①水肥管理。一般追施氮肥，特别是在生长季前期，随着土壤肥力提高可逐渐减少施肥，基肥可在非生草带内施用。实行全园覆盖的果园可用铁锹翻起带草的土，施入肥料后，再将带草土放回原处压实。生草地一般刈割后施肥水较好，或随果树一同进行肥水管理。生草果园最好实行滴灌、微喷灌的灌溉措施，尽量不采取大水漫灌。②刈割更新。生草覆盖地面后，根据生长情况，及时刈割，一个生长季刈割2～4次，草生长快的刈割次数多，反之则少。草的刈割管理不仅是控制草的高度，而且还有促进草分蘖的作用，可提高覆盖率和产草量，割下的草可覆盖于树盘或作青绿饲料、有机堆肥。刈割的时间根据草的高度来定，一般草长至30厘米左右时刈割。留茬高度应根据草的更新速度及草的种类确定，一般禾本科草要保住生长点（心叶以下）；而豆科草要保住茎的1～2节。草的刈割可采用专用割草机。秋季长起来的草不再刈割，以便冬季留茬覆盖。防治病虫害刮下的树皮及剪下的病枝叶应及时带出园外深埋。一般情况下，果园生草5年后，草逐渐老化，要及时翻压，使土地休闲1～2年后再重新播草。

（四）南方不同功能果园的生草模式及技术

1.南方红壤丘陵、山地防止水土流失果园生草模式

南方红壤果园，特别是丘陵、山地红壤果园，土壤有机质缺乏、结构差、养分贫瘠、易旱、缓冲力

差，果园长期清耕易造成水土流失，导致土壤保水性差、养分衰退，严重影响果园产量提高、品质改善和生态环境健康。果园套种豆科草种可以充分利用土地资源解决果、草争地矛盾，改善果园小气候，提高土壤肥力，促进果树生产，提高果园经营综合效益，还可以抑制杂草生长，减少病虫害，降低种植成本。另外，在南方红壤区果园的生草实践表明，果园生草对于红壤开垦地表土保育、生态恢复以及果园综合利用良性循环体系的构建均具有极其重要的意义。

（1）草种选择。要实现果园生草的最佳生理生态效应，必须选择合适的草种与果园配套。南方红壤丘陵、山地果园宜选择鲜草产量高，易管理，能提高土壤肥力，需水、肥时期与果树不同，不与果树争水、肥，与果树没有共同病虫害，生长迅速，具有护坡固土能力的草种。新开垦的红壤山地果园尤其要选择耐旱、耐瘠、鲜草产量高的草种作为绿肥。适宜南方红壤山地果园种植的草种有以保水改土为主的圆叶决明、印度豇豆、平托花生、百喜草，以养畜为主的黑麦草、南非马唐、羽叶决明、白三叶、鲁梅克斯等。

（2）播种。①播种时间。禾本科植物、豆科植物春、夏、秋季均可播种。根据南方气候特点，最适播种时间以早秋（8月中旬至9月中旬）为宜，因为在春季播种时，气候温和湿润，杂草生长旺盛，草苗期与其他杂草竞争势力较弱，不利于其生长。②种植搭配。果园园面以豆科植物（圆叶决明、平托花生、白三叶等）搭配少量其他植物（以南非马唐、黑麦草、鲁梅克斯等为主），梯埂以南非马唐为主，梯壁以百喜草、圆叶决明护坡，并根据不同牧草的生长习性进行周年搭配。在品种搭配上，需要注意豆科与禾本科间的搭配及热带与温带种间的搭配，以实现营养平衡和周年供草。一般豆科植物种于果园园面树冠滴水线之外，禾本科植物种于果园的梯埂或两株果树的中线范围。混播既能增加饲草产量，又可更好地满足畜禽生长发育对多种营养的需要。③播种方法。多年生豆科植物种子有不同程度的硬实率。为保证出苗整齐，播前应进行种子处理。可将种子单独置于水泥地上，或与沙子混合在一起用脚搓动，或用70 ~ 75℃的水浸种2 ~ 4小时。播种前先翻松土壤（树冠滴水线外20厘米处），然后开沟，以免雨季积水。还应平整土地，人工清除杂草或喷施易降解的除草剂清除杂草。在精细整地后，条播或撒播种植牧草。条播时，白三叶行距为25 ~ 30厘米，百脉根为20 ~ 25厘米，鸡脚草为15 ~ 20厘米，黑麦草为10 ~ 20厘米。圆叶决明、小叶猪屎豆均可于3 ~ 4月播种。采用穴播，每穴播4 ~ 6粒种子；亦可撒播，每平方米播种量2 ~ 3克。播种时如果草种较细小，要与细沙等拌匀一起撒播。

（3）田间管理。新垦红壤地在播前每亩可施氮肥3 ~ 5千克、磷肥3千克、钾肥3千克，以保证产量，防止草与果树争肥。如作为饲草利用，可在草刈割后3 ~ 5天每亩追施氮肥3千克，以利再生，保证后茬产量。水分管理对草的生长十分重要，遇旱季于早、晚适当灌溉，留种地在中、后期注意浇灌，可显著提高草种子的产量。

（4）刈割利用。成熟果园生草不能让草长的太高、太旺，要根据生长情况及时刈割，并覆盖于果园地表，以免影响果树生长。草生长快的刈割次数多，反之则少。在豆科植物现蕾期和禾本科植物抽穗前，适宜在果园放养体型较小的畜禽类，这时牧草生物学产量并不很高，但营养价值高，易消化，适口性好，耐践踏；也可刈割后晒制干草，加工草粉，配制成混合饲料，或制作青贮词料。白三叶适宜放牧，其他品种则适合刈割。一年的刈割次数一般为3～4次。水肥条件好的果园，每亩年产鲜草5 000～7 000千克。果园生草栽培3～5年后，草便开始老化，影响土壤的通透性，应及时更新生草，改种其他草种。生草果园果树定植不宜太密，最好行距较宽，这样可以使草有一定的生长量，便于管理。草也要适量施肥、灌水，保证有一定的生长量和覆盖效果。果园生草后，既为有益昆虫提供了活动场所，也为病虫提供了庇护场所，果园生草后地下害虫数量有所增加，应予以重视。

（5）效益分析。生态效益：①保持水土，有效防止果园水土流失。②提高土地肥力，改善土壤理化性状。③增加天敌数量，减少主要病虫危害。④促进果园生态平衡，改善果园生态环境，调节果园温度、湿度及光能利用效率，促进果树生长发育，增加营养储存。⑤改善果园的生态环境，减少果园病虫害的发生。

经济效益：①改善果实品质，提高果园单产。②刈割后覆盖还田及饲喂畜禽等在降低生产成本的同时增加产品的附加值。③提高生态栽培体系的综合生产力。翁伯琦等人的研究表明，果园生草有促进龙眼树生长的作用，树体干周和冠幅的增长率由清耕对照的88.5%和648.5%分别增加到120.2%～145.6%和790.8%～896.7%。套种印度豇豆的脐橙产量由第一年的758.5千克/亩，增长到第三年的1 465千克/亩。而且糖度提高，酸度降低，果实含果糖量比清耕果园产的果实高1.16%～1.03%，含酸量少0.28%～0.61%，果实成熟早，色泽好。研究结果表明，鹅对黑麦草的鲜草粗蛋白消化率为76%，粗纤维消化率达45%～50%，利用生草果园的黑麦草养鸭可节粮50%。生草果园种植的禾本科植物每千克干物质约含N 19克、P_2O_5 3.3克、K_2O 24.3克，豆科植物每千克干物质含N 32克、P_2O_5 2.5克、K_2O 28.4克，可固氮3.63千克/亩。

2.南方观光果园生草模式

观光果园以果品生产与观赏为基础，配备以必要的园林景观、休闲设施或餐饮住宿条件，以农村文化及农家生活为背景（图12）。观光果园在管理上，尽量施用生物农药和有机肥料，生产安全、营养、无污染的有机果品。果园生草不仅能提高果园土壤肥力，减少农药化肥的施用，而且可增加景观效应。

图12 南方观光果园（张建堂 摄）

（1）观光果园常夏石竹生草模式。常夏石竹为石竹科石竹属多年生宿根草本植物，其叶型优美，常绿，盛花期能全部覆盖地面，覆盖性较好，花色艳丽，香气宜人，是良好的观花地被植物。其花期较长，在5～10月，盛花期犹如一条花毯，能对果园起到很好的装扮作用。常夏石竹可以分株或扦插繁殖，繁殖较为简单，可节约果园成本。常夏石竹株型矮小、抗寒、耐旱、花量较大、寿命较长；栽种成活后只需简单管理，不需过多的浇水、施肥，对土壤要求较低（pH为5～8的土壤均可种植），分生能力强，繁殖容易，生长迅速。

肥水管理：常夏石竹耐旱，可根据土壤湿度情况灵活浇水，遵循宁干勿湿的原则。夏季温度高，雨水偏多，常夏石竹根部极易腐烂，因此应注意及时排水。如久旱无雨，可适当增加浇水次数。一般情况下，每年需浇3次水，第一次在初春苗木刚开始返青时；第二次在5月中旬的盛花期；第三次在11月底(封冻水)。每年结合浇水对其进行追肥，一般在第一次盛花期后追施复合肥10 ～ 15千克/亩，以促进苗木生长，使开花提前。

修剪：适当修剪可使常夏石竹生长健旺，根系发达，开花繁多。为使其从晚春到秋季开花不断，每次花谢后都要对花茎进行修剪，修剪高度以能破坏多数枝条的生长点为宜，以利多分蘖，成坪块。成坪后的常夏石竹一般每年修剪2次即可，第一次在首次开花后，留茬高8 ～ 9厘米，这样既能减少养分损耗，又有利于通风透光；第二次于9月中旬进行，为常夏石竹顺利越冬及翌年生长打下基础，一般高度保留5厘米。

病虫害防治：由于常夏石竹适应性强，很少有虫害发生，主要发生于夏季7 ～ 9月高温季节。病害主要有立枯病、凋萎病、软腐病等。防治方法为每次修剪后立即喷洒多菌灵、百菌清等杀菌剂进行预防。发病期则用杀菌剂喷雾或用药液灌根防治，每10天1次，连续用药3 ～ 4次。发现病株后立即拔除并集中烧毁，然后对土壤消毒后再补植。夏季及梅雨季节及时排水，防止积水沤根引起病菌感染。害虫主要有地老虎、蝼蛄、蚜虫等；地下害虫可用敌百虫、氯唑磷拌成毒饵施用；地上害虫可用氧乐果、毒死蜱等药物进行喷雾防治。

(2) 观光果园紫花地丁生草模式。紫花地丁属堇菜科堇菜属多年生草本植物，植株矮小，覆盖性好，生长期较长。早春开花，花色艳丽，株丛紧密。紫花地丁植株矮小，不会与果树竞争生长空间，且耐践踏，为果园生草优良草种。紫花地丁抗逆能力强，生性强健，喜阳亦稍耐阴、耐寒、耐旱，对土壤要求不高。

（3）观光果园蒲公英生草模式。蒲公英为菊科蒲公英属多年生草本。蒲公英返青早，枯黄晚，生期长，春秋季都开花，花期长，花量大，适宜做早春的观花地被。叶片嫩绿，贴地生长，花色艳黄，具有独特的观赏价值。适应性很强，耐涝，抗旱，易繁殖，极易成活，管理简便，是典型的节水省力地被植物。

果园蒲公英播种建植流程主要包括以下几点：

整地、施肥：于果树行间整地，清除杂草，施基肥，亩施有机肥2 000 ～ 3 500千克，混合过磷酸钙15千克，均匀撒到地面上。深翻地20 ～ 25厘米，整平、耙细。

播种：播前催芽，即将种子置于50 ～ 55℃温水中，搅动至室温后，再浸泡8小时；捞出种子包于湿布内，放在25℃左右的地方，每天早、晚浇温水1次，3 ～ 4天种子萌动即可播种。播种可条播或撒播①条播。在果树行间按行距25 ～ 30厘米开浅横沟，播幅约10厘米，种子播下后覆土1厘米，然后稍加镇压。播种量每亩0.5 ～ 0.75千克。②撒播。翻耕松土后撒播，亩用种1.5 ～ 2.0千克，播种后盖草保温，出苗时揭去盖草，约6天可以出苗。播种时要求土壤湿润，如土壤较干，在播种前2天浇透水。春播最好进行地膜覆盖，夏播雨水充足，可不覆盖。

田间管理：出苗前，保持土壤湿润。干旱季节，可在播种畦面稀疏散盖麦秸或茅草保水，轻浇水，待苗出齐后揭去覆盖物。出苗10天左右宜进行第一次除草，以后每10天左右除草1次。结合除草进行间苗，株距3 ~ 5厘米。经20 ~ 30天即可进行定苗，株距8 ~ 10厘米。出苗后应适当控水，使幼苗茁壮生长，防止徒长和倒伏。生长期内，宜保持田间土壤湿润，追肥1 ~ 2次，以利叶片旺盛生长；冬前浇1次透水，然后覆盖马粪或麦秸等，有利于其越冬。蒲公英抗病抗虫能力很强，一般不需进行病虫害防治。

刈割采收：蒲公英可作食材、药材、饲草，在幼苗期分批采摘外层大叶供食用。每隔15 ~ 20天可割1次。一般亩产可达700 ~ 800千克。采收时也可用钩刀或小刀挑挖，沿地表1 ~ 1.5厘米处平行下刀，保留地下根部，以长新芽。先挑大株，留下中、小株继续生长。

（4）观光果园草坪草生草模式。

草种选择：南方宜选择多年生、耐践踏、无性繁殖力较强的暖季型草坪草；可采用草茎繁殖或草卷铺植等方式，草茎繁殖成本相对较低。一般适宜的草种有狗牙根、天堂草（天堂419等）、矮生百慕大、结缕草（兰引3号）、假俭草等。

草茎建植及管理技术：①整地。果树下直径0.5 ~ 1米外均可生草，以避免草与果树争水、争肥。播种前，应清除杂草杂物，预设灌排设施，施用基肥(可选择有机肥或农家肥)。草坪草喜沙性土壤，若果园土壤黏重板结，可在施用基肥时掺入细沙。用机械耕地、旋地、平地，要求翻耕松土20 ～ 25厘米深，使坪地梳松、平整。浇水诱导杂草出苗，防除杂草2次(约2周内)，以利草坪草茎的种植和幼苗管理。②播种将草茎均匀撒播在要建植的果园株行间，覆盖薄土、薄沙或无土栽培基质，覆盖厚度以露草尖为宜；采用滚压机滚压或利用木板踩压，以确保覆土平整，草茎贴实土壤。及时浇透水，一般随播、随浇，可采用无纺布或枯草稀疏覆盖，以利于保水保湿。③管理养护。草茎建植3个月内宜保证水肥供应。前2周宜小水勤浇，早、晚各浇1次水；2周后可适当放宽浇水周期，2 ～ 3天浇1次透水，适当干旱有利于草扎根，视草坪整齐均一情况，及时补种补植。4 ～ 6周后，草坪草扎根稳固后，可施用适量尿素、磷钾复合肥，加速草坪成坪，一般3个月内即可成坪。成坪后，视土壤及草坪情况，适时浇水、施肥、剪草养护。剪草时，碎草屑应及时清除或覆盖于果树树盘下。

五、南方生草果园的养护管理

果园生草可以减少果园清除杂草、防治病虫害等管理工作。本部分从灌溉、施肥、刈割、更新等工作及其所需机械设备方面，对生草果园的养护管理进行详细介绍。

（一）灌溉

果园生草的目的之一是保水、保墒。合理灌溉果园生草区不但不会增加果园用水量，还可起到节水、保水的作用。

1.灌溉时间

果园生草应在关键时期灌溉。

（1）播草种后及苗期。播种后应及时浇水灌溉，促进出芽和苗期生长，也可以采取在雨季或者下雨前一天催芽播种，以减少浇水灌溉次数。

（2）果树萌芽期至开花前。果树萌芽期至开花前需保证果园土壤水分充足，以促进果树萌芽、开花、展叶，扩大枝、叶面积，提高坐果率。南方果园此时正值雨季，应及时疏沟排水，防止水浸泡根部。

（3）果树谢花后。此阶段花瓣脱落，果实迅速生长，需水量多，如果水分不足，新梢生长会受到影响，严重缺水时会引起幼果脱落。干旱地区尤其要注意浇足花后水，保证土壤水分适宜。

（4）果实膨大期。果实膨大期一般为果实采前20～30天，此时果实膨大增长迅速，需水量大，此时水分供应充足能促进花芽分化和果实发育，但浇水要适量，浇水过多有时会造成裂果、裂核。

2.灌溉方式

生草果园不提倡采用耗水量大、可破坏果园土表根系的大水漫灌方式，根据果树需水和果园水源丰缺情况，可采用畦灌、行间沟灌、滴灌、喷灌等方式。

（1）畦灌。用土埂将果园分隔成长条形的畦田，水流在畦田上形成薄水层，沿畦长方向流动并浸润土壤。畦灌灌溉效率高，渗水深度深，比漫灌略省水，相较于沟灌、滴灌、喷灌较为费水。

（2）行间沟灌。行间沟灌，即播种前在果树行间挖一条幅宽0.5～1米、深约20厘米的灌溉沟。行间沟灌比畦灌省水，水通过灌溉沟渗入土层深处，有利于水分保持和方便果树吸收，但灌溉沟易生杂草，需经常清理。南方果园多采用此类方式，行间沟既可作为灌溉沟，同时也可以作为雨季排水沟使用。

（3）滴灌。滴灌系统是由水源、水泵、各级输水管道和滴头组成。它可以根据实际需水情况适时、适量的补充植物根系所需水分，解决果树与草争水的问题，是较为节水的一种灌溉方法。

（4）喷灌。喷灌是指通过压力使水通过管道输送至果园，用喷头喷射至空中后呈雨滴状散落到果树和生草带的灌溉方式。喷灌有固定式和移动式两种。除可灌水外，还具有部分喷药、施肥等功能，并能在春季防霜，夏季防高温。但该设备投资大，不易管护，近年来应用逐渐减少。

（二）施肥

1.施肥种类

肥料对果树和草地持续高产发挥着决定作用。因此果园生草过程中，肥料的选择很重要。有机肥与化肥配施，大量元素肥料与中微量元素肥料配施，有利于满足植物不同时期生长发育的需要。

（1）有机肥。果园草地施用有机肥能够改变土壤理化性质，增加土壤通气性。有机肥由动植物残体、排泄物及生活废弃物等沤制而成，包括堆肥、沤肥、厩肥、沼气肥、绿肥、作物秸秆肥、泥肥、饼肥等。有机肥的施用要广开肥源，充分利用当地资源，改变过去单纯使用猪、牛、羊、鸡粪肥等厩肥的习惯，在有机肥源中加入秸秆、枯叶、酒糟等，保证施用足量的有机肥，从而达到用地养地相结合的肥地目标。

一般果园幼树种植前和果园生草前，要施足够的有机肥作为底肥，每亩施肥量1 ~ 2吨，再翻耕细作，种树种草。果园种树前和生草前施有机肥有利于改善果园土质，促进果园草苗期生长和根系固氮菌的形成。成龄果园每年可穴施或沟施有机肥1 ~ 2次，单次每亩施肥0.25 ~ 0.5吨，以促花促果，提高果实品质。

（2）化肥。果树生长期和长生草期间应适时补充氮、磷、钾等大量元素肥料，可选择施用尿素、磷酸二铵、硫酸钾及各种复合肥等，以防止果园因缺肥引起的果树与草争肥现象。氮肥对禾本科植物与豆科植物生长早期的生根、出苗、保苗很重要。磷肥对植物体内的糖分转化以及淀粉、脂肪、蛋白质的形成起重要作用。钾肥是豆科植物以及果树所需的大量元素，与果园果树、草的生长及果实品质密切相关。

一般果园草苗期及果树发芽期、开花期、果实膨大期对氮、磷、钾等大量元素肥料需求量较大，可选择尿素、磷酸二铵、硫酸钾及各种复合肥等化肥进行表施、沟施或穴施，以满足不同时期果树与草的生长需求。但化肥施用不可过多，否则会导致土壤酸化、土壤板结、土壤酶活性降低、土壤肥力减退等不良后果，影响果园生产的可持续性。

（3）微量元素肥料。硼、铁、锌、铜、钼、锰等微量元素也是植物正常生长所必需的。如果土壤微量元素供给不足，可能会出现果实产量及品质下降、草减产等不良后果，严重缺乏会导致绝产，甚至影响果树、草的存活。

一般果园应每年补充一定量的微肥，以确保果实产量和品质，提高果园生草质量，改善土壤营养环境。

2.施肥方式

生草果园合理施肥应参考土壤养分测定值以及果树和草的生长发育规律、需肥特点、肥料种类等因素科学合理施用。

生草果园施肥应以基肥为主、追肥为辅。果树萌芽期、开花期要消耗大量养分，如果养分供应不足，会导致花期延长、坐果率降低，因此要适量追施速效肥料，此时追肥称花前肥。花后肥要在落花后立即施用，以减少生理落果，促进新梢生长，扩大叶片面积。这两次追肥要紧密结合，以施速效氮肥为主，成龄树每株施腐熟的人粪尿100千克或尿素1千克。果实膨大期和花芽分化期因果实膨大迅速、花芽开始分化，生殖生长和营养生长出现矛盾，及时追施适量碱解氮、有效磷、速效钾肥，可提高叶片的光合效率，促进养分积累，满足果实膨大和花芽分化对营养的需要。秋梢停止生长时追肥，其主要作用是增强叶片光合功能，增加树体生长后期的养分积累，促进花芽继续分化和充实饱满。

各种肥料均应施入根系密集层。施有机肥时，因有机肥分解缓慢，供肥期较长，宜深施；化肥移动性较大，避免离树干太近，因树干周围吸收根少，肥料不易被吸收而容易造成烧根。常见的集中施肥方法有：

（1）撒施。将肥料均匀撒施于全园后进行翻耕，使肥料入土。

（2）沟施。将肥料施入沟内，利用雨水缓缓渗入，形成立体肥层，有利于不同深度的根吸收。沟施根据沟形不同可以分为环状沟施（图13）、条状沟施（图14）、放射状沟施（图15）等。

（3）点位施。距树干约1米处均匀挖数个深约40厘米、直径约25厘米的施肥穴，施肥后盖土浇水，此方法有利于节约肥料（图16）。

图13　环状沟施

图14　条状沟施

图15　放射状沟施

图16　点位施

其中放射沟施、环状施适用于幼龄果园，条状沟施适合于成龄果园。点位施对树根伤害较小，且肥料损失较少。

（三）刈割

生草生长到覆盖地表后，根据生长情况适时刈割以缓解与果树争肥、争水的矛盾。刈割可控制草的高度，促进草分蘖，提高覆盖率，增加产草量。割下的草可覆盖树盘，增加土壤有机质。草留茬高度应根据草的种类区分，一般豆科植物留茎1 ~ 2节，约留茬15厘米，而禾本科植物心叶以下要保留，约留茬10厘米左右。刈割下的草可作饲料，也可覆盖于树冠下的清耕带，或与土混合堆沤成肥。应保持整个生长季节果园植被高度在15 ~ 40厘米。

秋季不再刈割，以便冬季留茬覆盖。注意在果树生长前期要勤割草，以利于果树早期生长；中期花芽分化时要割草1次，保证树体地下营养的供给；后期要利用草的生长，吸收土壤多余的氮素营养，促进果实着色。为防治病虫害刮下的树皮、剪下的病枝叶，应及时带出园外深埋。

（四）更新

草经过多年的生长后，逐渐老化，同时土壤表层形成了板结层，影响果树根系的吸收和生长，应及时进行更新。通过翻耕将根茬、肥料翻埋入土，经过风化、冻融、雨雪侵蚀后土壤质地变得疏松，为土壤微生物活动提供良好的环境。翻耕可以使土壤通气性提高，促进土壤与残茬接触，促进残茬降解。

翻耕时间以春季为宜，翻耕厚度以10 ~ 50厘米为宜，有利于果树和草共同生长。表土翻耕包括耙地、耱地、压实等。耙地应耙平地面、耙碎土块、耙实土层、耙出杂草。耱地可耱实土壤、耱碎土块。

（五）养护管理主要机械设备

果园生草养护管理的主要机械设备有栽植机械、耕作机械、剪草机械、碎草机械、施肥机械、灌溉机械和植物保护机械等。

1.栽植机械

果树栽植机械用于建园定植、有机肥施入等，因此，挖坑机械和开沟机械是果园所必需的农机具。

（1）挖坑机。挖坑机械又称挖洞机械和挖穴机械，果树栽植挖坑机械具有省时省力、操作简单、使用方便、成孔效率高和运行费用低等特点，有牵引式、悬挂式、自走式、手提式等（图17）。平地和缓坡地宜采用悬挂式挖坑机械；坡度较大或地块小的宜采用手提式挖坑机械。

（2）开沟机械。开沟机械与挖掘机械的功能具有许多相似之处，二者均具有入土、碎土和取土功能，不同之处在于开沟机械能连续作业，施工效率高，对地表破坏力小，即使在岩石等坚硬的地质条件下，开沟机械也能开挖出形状规则的沟槽。我国果园常用的开沟机械大都以链式开沟机械为主。开沟机械提高了生产力，减轻了果农劳动强度，其作业深度可达50厘米。部分开沟机械同时具有旋耕、中耕、起垄、除草的功能（图18）。

图17　栽植挖沟主要机械

图18　果园常用开沟机械

2.耕作机械

土壤翻耕的作用是抗旱保墒、疏松土壤、消灭杂草及残株、恢复地力、提高土壤肥力等。耕作机械主要分为微耕机械和中耕机械（图19）。

图19　果园翻耕主要机械

（1）微耕机械。果园微耕机以小型柴油机或汽油机为动力，具有重量轻、体积小、结构简单等特点，配备相应农具可完成旋耕、犁耕、播种、抽水、喷药、发电和运输等多项作业。

（2）中耕机械。中耕除草是生产管理的重要环节，主要作用是疏松土壤，铲除杂草，蓄水保墒，防止土壤板结、碱化，增加土壤有机质含量，避免杂草与果树争肥、争水，以保证果树的正常生长。中耕除草可搭配与主机配套的除草轮，其松土深度5 ～ 10厘米，中耕幅度80 ～ 120厘米。

3.剪草机械

果园生草后要加强管理，适时进行刈割，以缓和春夏季草与果树争肥、争水的矛盾，还可以增加年内草的产量。果园剪草机械是用于修剪果园行间草坪、植被等的机械工具。果园剪草机械可以分为半自动拖行式、全自动智能式、坐骑式、悬挂式等几类（图20）。

4.碎草机械

果园碎草机械主要由动力输入与输出装置、锤片式碎草装置、平衡装置和保护装置等组成，用于生草果园行间绿肥的粉碎，可将自然绿肥或人工绿肥等粉碎为5 ～ 15厘米长的碎段，适于各种栽培形式的果园。碎草机械将果园绿肥直接粉碎后还田，可完成作物行间草的粉碎作业，将草粉碎后原地覆盖。用草覆盖地表既能减少水分蒸发，又能加快草的腐烂分解，

半自动拖行式剪草机械　　全自动智能剪草机械

坐骑式剪草机械　　悬挂式大型剪草机械

图20　果园主要剪草机械

增加土壤有机质的含量。

5.施肥机械

在果树和草的生长期要根据其长势及土壤肥力情况，经常适时追施化肥或专用肥，以满足正常生长需要，达到高产、稳产。为提高肥效和节约肥料，一般要求采用机械深施化肥。机械施肥可实现开沟、施肥、覆土一次完成，施肥深度达6 ~ 12厘米。

施肥开沟机械主要包括铧式犁开沟机械、圆盘式开沟机械、螺旋式开沟机械、链式开沟机械。

（1）铧式犁开沟机械。①开沟原理。在动力机械的牵引下，铧式犁切削土壤，完成开沟作业。②优点。结构简单，效率高，工作可靠，成本低。③缺点。遇到土质较硬的土壤，很难保证沟形，结构笨重，功耗大。

（2）圆盘式开沟机械。①开沟原理。动力系统带动1个或者2个铣刀盘高速旋转，铣刀盘切削土壤进行开沟作业，并将土壤抛掷在沟渠的一侧或者两侧。双圆盘式开沟机械开出沟的断面呈上口宽、沟底窄的倒梯形。②优点。牵引阻力小，适应性强，碎土能力强，所开沟壁平整。③缺点。结构复杂，制造工艺要求高，效率低。

（3）螺旋式开沟机械。①开沟原理。锥螺旋是螺旋式开沟机械的主要工作部件，动力通过减速装置传到锥螺旋，利用其旋转实现对土壤的切削、抬升、抛撒等，从而完成开沟作业任务。②优点。结构简单，所开沟壁平整，残土较少。③缺点。刀片容易磨损，刀片的加工和更换都不方便，工作部件尺寸偏大。

（4）链式开沟机械。①开沟原理。链轮的转动带动链条传动，链条上的链刀切削土壤，链条将切下的土壤传送至螺旋排土器，螺旋排土器将土壤推至沟渠的一侧或两侧，进而达到开沟目的。该类机械能完成开沟、碎土、抛土、覆盖等多道工序，沟宽和深浅均可调，且抛土覆盖均匀、不需人工清沟。②优点。结构简单，效率高，所开沟壁整齐，沟底不留回土，易于调节沟深和沟宽，适于开窄而深的沟渠。③缺点。刀片易磨损，功耗大。

6.灌溉机械

主要为农用水泵、节水灌溉设备和水肥一体化系统。

（1）农用水泵。农用水泵根据主要工作部件的工作原理和结构特点可分为三类。第一类是叶片式泵，靠转动的叶轮，以离心力或推动力进行工作，如离心泵，轴流泵，混流泵等。第二类是容积式泵，靠活塞、柱塞容积的交替变化进行工作，如拉杆泵，三联泵等。第三类是特殊类型泵，如水锤泵等。

（2）节水灌溉设备。指具有节水功能用于灌溉的机械设备的统称，主要包括滴灌、喷灌、痕灌和地面渠系灌溉设备。

滴灌：将过滤后具有一定压力的水通过输水管道及管网输送到灌溉带，通过滴头以水滴的形式进行平缓、均匀的灌溉。它是目前干旱缺水地区最有效的一种节水灌溉方式，其水的利用率可达95%。滴灌技术一般与机械配套使用，利用专门设计的毛管管道和滴头，将水和肥料一同滴灌到作物根部，进行局部灌溉。滴灌具有节水、增产、省工、高效等优点，是目前世界上较为先进的灌溉技术。滴灌对不同性质的土壤和地形适应能力较强。滴头的工作压力范围较广，且滴头出水均匀，不易造成地面土壤板结。滴灌的不足之处是滴头结垢和易堵塞，需要对水源进行严格的过滤处理。

喷灌：通过特有机械设备将水喷射到低空，经雾化后均匀降落到地表的一种灌溉方式。喷灌比传统地面灌溉可节水30%～50%。喷头的作用是将具有一定压力的水流破碎成细小的水滴，具有良好的雾化能力。常见的喷头有地埋式和摇臂式。地埋式喷头平常隐藏在地下，不影响耕作，可以避免因进行修剪、农田耕作和农作物收割对设备的破坏。其集出地管、竖管、升降式喷头于一体，同时具有喷水和顶出功能，无需寻找田间出水口位置。喷灌作业时借助水的压力将伸缩管顶至地面，作业后回缩至耕作层以下，无需田间套管或专用设施保护，但这种喷头射程一般较小，可用于面积较小块地。摇臂式喷头工作时在喷射水流反作用下旋转一定角度，使摇臂反弹，当喷管转动一定角度后开始喷灌，具有可调整喷洒范围和角度的优点，适用于各类地形，喷洒面积较大。微喷灌是喷灌的一种，使用的管线类似于滴灌管，其对水的喷洒量和喷洒半径更小，相比其他喷灌设备更节水。

痕灌：痕灌主要指能以超微流量向作物长久供水，痕灌单位时间的出水量可达到滴灌的0.1%～1%。痕灌技术的核心节水部件是痕灌控水头，由具有良好导水性能的毛细管束和具有过滤功能的痕灌膜组成。控水头埋在作物根系附近。毛细管束一端与充满水的管道接触，另一端与土壤的毛细管接触，可感知土壤水势的变化。作物吸水导致根系周围的水势降低，形成需水信号，控水头内的水不断以毛细管水的形式流向根系周围，直至作物停止吸水。控水头内的痕灌膜可防止毛细管束被杂质堵塞，保证系统长期稳定工作。多年试验表明，痕灌比滴灌节水50%左右，即使在滴灌无法使用的地区也可推广应用。

地面渠系灌溉：果园灌溉系统沿果园小区短边布置，以利引水灌溉。灌水沟沿果园小区长边方向布置为宜，有斗渠、毛渠、垄渠三级。斗渠与外界干渠或支渠相连接，把水输入毛渠和垄渠相进行灌溉。小型果园，斗渠最好与栽植小区的短边方向一致，毛渠和长边相平行。如果小区较长，地形不允许一次灌通，应在小区内设若干垄渠灌水。果园输水灌溉渠系的大小，应根据灌溉时所要求的流量、流速和配水时间设置。如果灌溉时间短，必须加大流量和流速，即加宽渠道，增大比降。一般输水渠比降为1/1 000，灌溉渠为1/500～1/300，比降过大会加重对渠的冲刷。地面渠系灌溉需要很少的设备，投资少，成本低，是生产上最为常见的一种传统灌溉方式，包括漫灌、树盘灌水或树行灌水、沟灌、渠道畦式灌溉等。平原区果园地面灌水多采用漫灌、树盘灌水或树行灌水、沟灌等灌溉方式。地面灌溉虽简便易行，但耗水量较大，容易破坏土壤结构，造成土壤板结，且近水源部分灌水过多，远水口部分却又灌水不足，所以只适用于平地栽培。为了防止土壤板结，灌水后要及时中耕松土。

（3）水肥一体化系统。水肥一体化是将灌溉与施肥融为一体的农业新技术，能够最大限度地实现自动化和省力化。它根据果树不同生长期需水、需肥规律和土壤状况，借助压力系统（或地形自然落差），将肥料溶解在水中，通过管道系统施入果树根系生长区域，使主要根系土壤始终保持疏松和适宜的含水量，同时根据果树的土壤环境和养分含量状况，不同生长期的需水、需肥规律进行不同生育期的水肥一体化设计，把水分、养分定时、定量，按比例直接提供给作物（图21）。

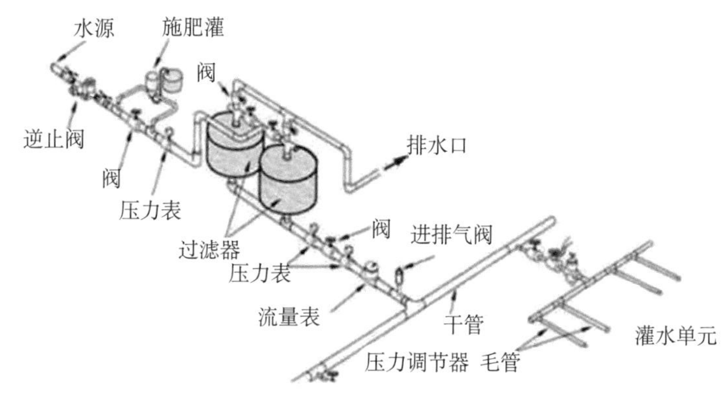

图21　生草果园水肥一体化系统

现代果园水肥一体化的几种灌溉方式：①自动灌溉。在果树果枝等部位安置一些特制的感应器，以测试作物的细微变化。当作物不能从土壤中获取水分、养分时，需要消耗本身果枝的水分、养分，这时作物茎秆或果枝就会出现外形回缩的迹象，触角便能立即将其译成信号传给计算机，计算机便启动灌溉装置进行灌溉。②负压差灌溉。将多孔的管道埋入果园地下，依靠管中水肥与周围土壤产生的负压差进行自动灌溉。整个系统能根据管四周土壤的干湿状况及缺肥程度，自动调节水肥量，使土壤湿度保持在果树生长的最适宜状态。③地面浸润灌溉。土壤借助毛细管的吸力，自动从设置的含水系统散发口中吸水。当水肥量达到饱和时，系统散发器自动停止供应。④坡地灌水管灌溉。管长150 ～ 200米，管径为145毫米，各节管之间用变径法连接，保证各段出水口出水均匀，使水从水源处经管流入坡地的灌水沟中。⑤土壤网灌溉。埋在果树根部含半导体材料的玻璃纤维网为负极，埋在深层土壤中由石墨、铁、硅制成的板为正极。当果树需水肥时，只要给该网通入电流，土壤深层的水肥便在电流的作用下由正极流向负极，从而被果树吸收利用。

7.植物保护机械

植物保护机械是用于防治植物病虫草害等的各类机械。按照动力一般分为人力（手动）植保机械、畜力植保机械、小动力植保机械、拖拉机配套植保机械、自走式植保机械和航空植保机械。按照施用的化学药剂类型可分为喷雾机、喷粉机、喷烟机等。

各种手动式、机动式喷雾、喷粉、弥雾机械均适用于果树的病虫草害防治。目前，专用的机动式喷雾、喷粉、弥雾机械及与微耕机配套的喷药机械已逐渐取代了手动式植保机械，大大减轻了果农防治病虫草害的劳动强度，也避免了老式手动喷药机械漏液的现象，提高了工作效率，也减少了药物对环境的污染。运用机电一体化、自动化、精确施药、静电喷雾等先进技术开发高效、低污染植保机械是我国植保机械发展的主要方向。

六、南方生草果园的不同复合利用模式

随着社会的发展，生草果园将朝着立体式生态农业的方向发展，由单一模式(生草养地)向复合模式发展(生草结合养殖业和畜牧业)。复合模式主要有果草禽、果草畜、果草蜂、果草畜/禽沼、果草畜沼窖等复合生态果园模式，果园生草养鹅、牛、羊等禽畜，不仅可以提高经济效益，而且禽畜粪、草、枯枝落叶还田，可改良土壤，提高土壤肥力，提高生态效益。果草牧沼生态果园模式是一种极具发展前景的高效节能复合模式，以沼气池为纽带将果、草、畜、禽相结合构建的复合式立体生态果园，不仅解决了生活用能和果园有机质短缺、肥力不足的问题，而且降低了生产成本，减少了环境污染，提高了果园综合经济效益。

果草牧沼生态果园模式具有保墒肥地、防止水土流失及为畜禽提供饲草的功能。饲喂的畜禽可为果园提供充足的优质有机肥，从而可降低果园化肥投入量。果园沼气系统除作为生活能源外，还能使畜禽粪尿经厌氧发酵无害化，有利于被果树吸收利用。

果畜草和果禽草生态果园模式，实现了当地土种禽畜资源的合理充分利用，提高了果园的整体生态效益与经济效益。

果畜沼窖草生态果园模式，主要特色是在果园中建有水窖，可收集和储藏降水，为沼气池、果园喷药和人、畜生活提供用水，还可以补充灌溉用水。

果草蜂生态果园模式，通过在果园内栽培紫花苜蓿、柱花草等含花蜜类草本植物，与养蜂业相结合，不但可以增加蜂蜜等高效益农产品产出，还可利用蜜蜂为果树授粉，提高果实产量和品质。

（一）果草禽复合生态果园模式

1.果园生草养鸡模式

利用生草果园草地养鸡是生产绿色有机禽肉、禽蛋的重要模式，符合现代人们对食物品质的追求。该模式高效利用土地资源进行立体种养，可增加果农经济收入，满足市场供应；草地可保水、保墒，改良土质，调节果园小气候，改善果园生态；腐熟鸡粪肥施到果园内可培肥土壤，且鸡捕食草地中的昆虫可减少果园病虫害，提高水果品质和产量，节约管理成本。该模式可有效解决畜牧养殖用地难的问题，克服畜牧养殖对生态环境的影响，生产出符合消费需求的优质鸡和鸡蛋，是值得推广的一种生态种养模式。

（1）生草果园养鸡的优点。①果园内种草，创造了良好的果园耕作环境，割下的青草可当作绿肥进行树盘覆盖。土壤中的草根死亡后可补充土壤有机质，还能促进土壤空气流动，促进微生物和蚯蚓的繁殖，为鸡的养殖提供饵料。②果园生草可有效减轻高温危害及其所导致的果树生理障碍，如苹果裂果病、黄叶病等，还能起到保持水土的作用。牧草发芽早，生长期长，有利于昆虫的活动，牧草上的害虫也为鸡的生存提供了良好的食物来源。③利用现有果园低密度饲养家禽，同以往专业集中饲养方式相比较，具有管理方便、饲养成本低、环境污染轻、产品质量好的优点，既符合绿色无公害食品的发展要求，又是农村农民致富的重要途径之一。④生草果园养鸡具有较好的生态效益，达到了物质的循环利用，还可防治病虫害，减少农药投入。⑤生草果园鸡以嫩草、昆虫等为食物，降低了饲养成本，经济效益明显。果园养鸡饲养密度低，活动空间大，水源清洁，光照和运动量充足，加之果园可提供以杂草、昆虫、黄沙等，鸡的食性杂，有利于提升鸡肉品质，增加经济效益。

（2）关键技术要点。

草种选择：在果树行间种植有益草种，可根据当地气候特点选择适合当地气候环境的优质固氮豆科植物与禾本科植物进行合理搭配混种，如西北干旱沙地采用沙打旺/草木樨与雀麦/披碱草搭配，北方寒冷地区采用紫花苜蓿与高羊茅/黑麦草搭配，南方采用百喜草/白三叶/紫云英与狗牙根/藿香蓟/马唐等搭配。

鸡的养殖：①场地的选择。鸡舍及场地尽可能选择远离拥挤村庄，避风向阳，地势高燥，交通、水电便利的无污染果园。场地四周围栏（高2米左右），利用围网将整个果园与外界隔开，并分区轮换放养，适量喂养，以保证鲜草充足，饲养密度为每亩100只左右。鸡舍棚的搭建可采取砖木结构，高3.0～3.5米，地和墙采用水泥抹面，便于消毒。屋顶可采用泥瓦或石棉瓦结构，要求保温。鸡舍四周挖好排水沟。舍内照明、饲养装备齐全。严防狗、黄鼠狼等动物窜入果园。②选择适宜鸡种。可选择有当地土鸡特征，又适合大众消费习惯的山地乌鸡或其他土鸡种。在引进脱温鸡苗时，严格按照免疫程序进行接种预防，保证高成活率，以防发病。③饲养管理要点。饲养管理中按常规育雏法育雏，育雏期喂配合饲料，喂料时少饲多餐，自由采食结合放养采食园内的杂草和昆虫等，7～10天断喙，预防鸡啄羽、啄肛。肉鸡和蛋鸡到育肥期后，应依据鸡具体采食情况适度补饲，以提高鸡的生长速度和均匀度。补饲时间应该在晚上回舍后，适当补充米糠、小麦、玉米、稻谷、豆粕等农家饲料。蛋鸡从50日龄开始进行限食，把日饲料量控制在80～85克/只，以防止脂肪积聚而影响产蛋量，120～130日龄限食结束。一批鸡群出售后，最好进行一次果园翻耕，把腐熟的鸡粪翻入土中，然后用生石灰或石灰乳泼洒消毒。④防疫。及时进行防疫，每周对鸡舍消毒，防好球虫病，做到定期驱虫。为了提高鸡肉品质，应选择晴朗天气对健康无病雄雏鸡阉割。

（3）应注意的问题。①早春寒冬调控好鸡舍内的温度、湿度。通过鸡舍窗户开始的时间长短等方式来调节鸡舍内温度、湿度。②鸡舍以背风向阳、坐北朝南向建造为好，鸡舍地面要有一定的倾斜度，舍内铺竹片网床或谷壳、刨花等垫料，四周开好排水沟，使鸡舍保持干燥，在舍内一角用砖围一个沙池，供鸡产蛋，同时准备一个固定鸡舍，作育雏舍。③及时调整鸡体重的整齐度。要按期称重，适时分群，依据体重不同、雌雄比例情况决定晚上的补饲量。④鸡寻食力强，活动领域广，喜欢飞高栖息，啄皮破叶，为防止影响果树生长和果品的品质，便于管理，应将翅上的主羽从根部剪断。⑤为了满足蛋鸡的营养需要，产蛋期应适量地补饲精料、维生素、微量元素和贝壳粉等。补饲的精料应以玉米、小麦、稻谷和豆粕为主，不可饲喂蛋鸡全价料。补饲量应为舍养饲喂量的60%，否则会增长成本，使鸡蛋品质下降，而且影响鸡的外出寻食能力，失去了散养的意义。⑥在果园内散养鸡具有季节性，通常3～4月进雏。此阶段进雏，育雏温度容易控制，雏鸡生长较快，成活率高。进入育成阶段正值春末夏初，青草、昆虫以及果园残留的副产品丰盛，可为鸡提供食物。鸡在秋季开始产蛋，气温适宜，中秋节、国庆节前后可达到产蛋高峰期，此后的元旦、春节需求量增长，可增加市场供应。

2.果园生草养鹅模式

果园生草养鹅是利用果园提供的层次空间，实行果草鹅立体种养，提高土地资源综合利用率，发展节粮型畜牧业，具有显著的经济效益和生态效益。

(1) 优势分析。①园中种草养鹅，高效节粮。鹅可以利用大量青绿饲料和部分粗饲料，是典型的节粮型家禽。鹅对粗纤维的消化率与对青草中粗蛋白质的吸收率均较高。在舍饲条件下，鹅各饲养阶段精饲料与青绿饲料比例，雏鹅为1 ∶ 1，中鹅为1 ∶ 1.5，成鹅为1 ∶ 2；如牧草品质好，中、成鹅可以少补喂精料或不补喂精料。鹅生产过程中，对温度和光照时间有一定的要求，利用果林牧鹅，可为鹅群提供天然庇荫处，形成果园内的小气候，为鹅群提供良好的养殖环境，有利于鹅群生长速度、繁殖性能的提高。②绿色产品，效益良好。从长远发展来看，人们的生活水平在不断提高，对畜产品的品质要求也在不断提高，绿色产品市场供不应求。果园生草养鹅模式中，鹅的饲料可完全用牧草代替，对牧草不使用抗生素、农药等对人体有害的化学物质，生产的鹅产品符合有机畜产品的要求，市场前景广阔。③简化果园管理，增加果园收成。由于部分经济作物效益低，果园生草养鹅成为农业结构调整的亮点。果园种草养鹅，抑制了果园野生草的生长，使除草作业费用大幅度减少，降低了果园经营成本。新建果园一般需2 ～ 3年的时间才能见效益，利用果园郁闭度小，地面阳光充足时种草养鹅，能以短养长，弥补果树种植业周期较长，见效慢的缺陷。鹅粪能肥沃土壤，保持土壤肥力，促进果树生长。夏季气温高，果园草地可为鸭提供绿荫，可减少高温对鹅的威胁。果园种草可调节果园内小气候，夏季可起到降低地面温度的作用，冬季因草层覆盖而起到保温的作用，延长果树根系的活动期，有利于根系发育和吸收养分，促进果树的生长。④生态环保，综合效益显著。提高了肥料利用率，减少了农药施用量，且鹅粪等能被果树与草充分利用，减少了对环境的污染。

（2）操作方法。

设施建设：采用网丝围栏与生物围栏相结合的围栏方式，即在果园四周种植适宜当地条件的带刺灌木（如花椒、黄刺梅、沙棘和酸枣等植物），并在灌木底层用铁丝横向围栏，保证雏鹅在果园放牧时不能轻易逃出。园内可用尼龙网、遮阳网等分隔划区，高度30 ~ 50厘米。鹅舍应建在果园内或果园附近，离居民区1千米以上，距主要公路500米以上，地址高燥，排水性好，附近有充足且水质良好的水源。鹅舍朝南或东南，应保持通风干燥，定期清理鹅粪并消毒。鹅舍为泥土地面的需要铺设厚草垫，四周的墙脚用沙土夯实，以防老鼠打洞。为了节约建造成本，也可建造塑料棚鹅舍。在果园放牧地或附近修建水池（平均面积为5 ~ 10米^2/亩），供鹅饮水和洗澡。当水不洁净时及时更换，废水可用于浇灌树木和草地。

牧草种植：①草种选择原则。一是株型低矮，生物量大且鹅喜食。二是耐阴性强，能在果树下较好生长。三是再生能力强、耐践踏；须根系，无发达主根，少与果树争夺水分和养分。四是与果树没有共生病虫害。应注意豆科和禾本科牧草的合理搭配，推荐选用鸭茅、黑麦草、小黑麦、紫羊茅、白三叶、紫花苜蓿等牧草。此外，根据养鹅数量应在果园留一片种植叶类蔬菜的地块，以解决前期雏鹅的饲草料问题，种植种类可选择萝卜、胡萝卜、生菜等。②牧草种植规划与利用。按照用途将果园划分成两个区域，其中约一半区域作为青饲牧草生产区，种植高产优质的优良牧草，如杂交狼尾草等，主要作为补充青料。另一半区域作为放牧区，种植耐践踏、再生力强的中矮型牧草，如宽叶雀稗、白三叶等，供鹅群放牧时自由采食。根据气候特征、营养搭配需要等将暖季型牧草与冷季型牧草轮作、禾本科与豆科牧草及一年生与多年生牧草搭配种植，以满足鹅群牧草的周年均衡供应。③播种。用于种植牧草的果园在播种前要进行地面清理、除草松土、施肥等，基肥宜施厩肥，1.3 ~ 2.0吨/亩。播种时间在春季或秋季，一般一年生牧草春季播种，多年生牧草秋季雨水多时播种，小黑麦也可秋季播种。根据果园地势、果树品种、季节、气候、土壤肥力、种子纯度和质量等确定播种量。可以采用条播、撒播或穴播，一般一年生牧草采取撒播，多年生牧草采取条播，行距20 ~ 30厘米。草种较小的，播种深度宜浅不宜深，约为2厘米，多采用撒播，撒种后稍耙即可。播种时，凡种子较硬实的，应提前1天用水适当浸泡，以促进种子萌发。豆科牧草播种时应拌根瘤菌。因多年生长草层形成板结层而抑制果树生长，可深耕灭草后重新播种。④田间管理。为了保证牧草稳产、高产，施肥是关键。果园牧草每年都会刈割、放牧，土壤中的大量养分被带走，土壤肥力逐渐下降，从而影响牧草产量。因此，除结合整地施足基肥外，每次刈割和放牧后都要进行追肥。要提高产量，应当保证排灌顺畅。洪涝季节土壤易积水，应注意开沟排水，否则通气不良，易导致烂根，严重影响根系生长；在干旱的季节和地区应及时灌溉，从而促进生长，保证产量。种植多年生牧草，应及时施肥和灌溉，加强苗期管理；多年生牧草一般当年长势较弱，2 ～ 3才能进入高产期。牧草苗期生长速度较慢，易受杂草危害，田间管理的一项重要工作就是防除杂草，这项工作应及时进行。此外，因晒制干草过程中会损失部分营养，牧草应尽量鲜用，以充分发挥效益。⑤牧草利用。牧草利用采取放牧与刈割相结合的方式。一般每亩牧草区可放养鸭30 ～ 40只，密度大时可达50 ～ 53只，在牧草生长旺季可适当增大放养密度。在牧草不足时继续放养鹅，会使鹅对牧草过度食用，造成牧草根被拔出，严重破坏果园草地。为有效保护果园草地，应当进行划区围栏轮牧。通过划区围栏轮牧，人为控制鹅食用牧草的区域，使牧草利用更为有效合理。应根据牧草产量、草地地形和鹅群的大小来确定划区的面积及数量，根据鹅群食草量及牧草生长情况确定轮牧周期等。鹅的放养尽量早出晚归。在牧草生长淡季可适当减少放养数量，在生长旺季可增加放养数量或将多余的牧草加工调制成干草粉贮藏，以备缺草季节利用。

鹅饲养管理：①饲养周期。肉鹅可每年出栏3茬。秋冬季节的出栏数可占全年的40%，因为此时饲草充足且天气逐渐寒冷，人们对肉类的需求量较大。冬春季节占30%，此时虽然饲草缺乏，但市场需求量仍较大，效益较好。夏季虽然饲草充足，但人们对肉类的需求较少，鹅的出栏数不宜过多，此时多余的饲草应制成干草贮藏，以备冬春季节利用。②育雏。育雏分别采用垫草平养、网上平养和笼养。雏鹅由舍饲逐步向放养过渡。放养前先喂少量精料，然后将鹅缓慢地赶到附近的草地上活动，采食青草30分钟，然后赶到清洁的浅水池塘边让其下水，之后再赶上岸让其梳理绒毛，待毛干后赶回育雏舍。随着日龄增加，逐渐延长放牧时间，加大放牧距离，20日龄后可全天放牧。③鹅舍建设。为了方便管理，建议在放牧区的中心位置建鹅舍，以鹅舍为中心划分四个小区，在界线上种植高大茂密的速生植物，形成草篱围栏，按计划在每个小区实行轮流放牧。每个小区放牧周期10天左右，保证每个小区有充分的休牧时间，以利于牧草生长的恢复。④饲养放牧。4～10周龄的鹅食量大，排泄多，应以放牧为主，补饲为辅。放牧场地由近到远，实行分区轮牧，轮牧间隔时间15天以上，放牧时间逐渐延长，每天要吃5～6成饱。放牧时应给鹅一定的信号，逐步使鹅建立起相应的条件反射，驯化鹅的出牧、归牧、下水、休息、采食等行为，养成良好的生活规律，便于管理。10周龄以上的商品仔鹅饲养上要充分喂养，快速育肥；管理上要限制活动，控制光照。在放牧饲喂中应每天补饲精料50克/只左右。一般80日龄体重达3.5 ~ 4.2千克/只即可上市。种鹅产蛋期的饲喂必须逐步增加精料和青饲料的饲喂量，并注意适时补充饲料中的矿物质。

果树管理：果园管理中，施药时一定要掌握好用药的种类和时间，尽量施用高效、低毒、降解快的农药，合理分配用药时间与划区轮牧的周期，防止鹅误食中毒。可根据农药药效的长短将草地划分若干小区，轮流放牧或刈割，在第一个小区放牧或刈割后转入第二个小区，此时再给第一个小区施药，以此类推。经一个轮回再到第一个小区时，农药的药效已过，对鹅已无毒害作用。

（3）效益分析。①经济效益。果园生草养鹅由于水肥条件改善，果实品质与产量均可提高，且增加了养鹅的收入，经济效益极为显著。②生态效益。果园种草养鹅将果、草、禽有机结合，节约了土地资源，有效减少了地表植破坏现象，有利于保持水土，保护生态环境。果园种草养鹅实现了粪污的自身消纳，改变了传统畜牧业污染严重的现象，有效促进了畜牧业的健康、可持续发展。

3.案例分享

本案例分享两种葡萄园生草与养殖业结合的生态种养模式，分别为葡萄草鸡鱼油菜模式和葡萄草鸡鱼模式，并以传统的葡萄园清耕模式作对比，对不同模式的综合效应进行了比较。试验地位于湖南省衡阳市郊区头塘雨母乡新桥村。供试的葡萄品种为巨峰葡萄；供试的草种为早熟禾、双穗雀稗、红三叶、白三叶、紫云英；供试的鸡种为肉用鸡；供试的鱼分别为鲫鱼、鲤鱼、草鱼、青鱼等；供试的油菜品种为上海青。

试验结果表明，与传统清耕模式相比，采用生态种养模式处理的葡萄园其土壤含水量变幅值、耕层地温年变幅值均较小，土壤容重均有所降低，而土壤孔隙度、土壤有机质含量均有所增加；葡萄新梢生长量、单果质量和产量均明显增长（表5）。采用生态种养模式经营的经济效益（纯收入）为传统清耕模式的2.02倍，其中，葡萄草鸡鱼油菜模式的经济效益最高，适于城郊和蔬菜基地推广；葡萄草鸡鱼模式的经济效益次之，适于南方红壤紫色土浅丘区推广。

表5　不同模式下葡萄生长发育指标及产量的测定结果

模式	新梢生长量（厘米）	单果质量（克）	果实含糖量（%）	产量实测值（千克/亩）
葡萄草鸡鱼油菜模式	46.4	2.57	21.43	2 508
葡萄草鸡鱼模式	62.4	2.68	21.52	2 622
清耕模式	39.1	2.47	22.64	1 873

（二）果草畜复合生态果园模式

果-畜-草复合生态果园模式不仅能生产高品质水果，而且能产出生态肉制品，提高土地利用率和改善果园整体生态环境，减少果园肥料及农药投入，经济效益相当可观，是种植业和养殖业的有效结合。以下以果园生草养猪为例，进行简要介绍。

1.果园要求

（1）果园面积。猪的活动能力强，空间需求大，如果果园面积太小，不利于猪的活动，会降低猪肉品质。果园养猪面积不宜低于50亩。

（2）果树种类。为给猪提供一个良好的活动空间，果树不宜选用葡萄、猕猴桃等藤本，最好选小乔木果树，如柑橘、枇杷、梨等。果树应选择进入盛果期的成年果树，不宜选择没有投产的幼龄树。

2.猪品种选择

（1）抗病性、适应性强。与圈舍养猪不同，圈舍养猪相对集中，消毒工作相对容易，效果好。果园面积大，消毒工作相对困难。因此，选择抗病性、适应性强的地方土猪品种，可以降低养殖风险。

（2）活动能力强、生长快、出栏早。与圈舍养猪不同，果园养猪最突出的特点就是要让猪活动，果园面积大，为猪的活动提供了有利条件。猪的活动会消耗一定的能量，导致生长速度变慢，养殖周期变长，养殖成本和风险相应增加。因此，选择生长快、出栏早的猪种可有效降低养殖风险，增加利润。

3.果园养猪管理

果园养猪技术要将果园生产管理技术和猪养殖技术有机结合起来，综合管理。果园养猪要解决果树生长与养猪之间的矛盾。

（1）防止猪啃树。在果园中的猪会经常啃食近地面的树皮。树皮是运输水分和养分的组织，树皮遭到破坏往往造成果树生长不良甚至死亡。可在果树树冠垂直投影外围建设围栏或砌墙以防猪啃食树皮，围栏或墙高60厘米。

（2）防止猪农药中毒。果树病虫害防治主要采用喷施农药，但在种养结合生产模式下，喷施农药后管理不当会使猪误食中毒。为防止猪农药中毒，可通过减少喷施农药次数、将猪隔离保护等措施解决。通过合理的栽培管理措施如肥水管理、整形修剪等可减少果树病虫害的发生，管理较好的果园一年仅喷施3次农药即可，第一次在果实采收后至果树萌芽前，主要控制果树越冬病虫；第二次在花蕾期，主要防治果树炭疽病、红蜘蛛等；第三次在花谢后至生理落果结束；果实套袋前，主要防治果面黑点、黑星及粉虱危害等。

（3）保持果园卫生。果园养猪保持果园卫生很重要，尤其是猪的排泄物，若不及时清理，会影响果园环境，还会造成猪红眼病、支气管炎、肺炎等疾病。可通过以下两种方法解决养猪果园的卫生问题。一种方法是训练猪定点排便。喂食前后，将小猪赶进事先放有新鲜粪便的场所，通过粪便的味道引导小猪排便，经过几次定点训练后，大部分小猪能定点排便。另一种方法是果园分区生草轮牧，分区不少于4个区。因此需要在果园种植无毒、适口性好、营养足、猪喜食、耐牧、生长恢复快的草种，如白三叶、黑麦草、苜蓿等。草的生长能加速未清理粪便的分解，净化果园环境，保持卫生。

4.经济效益

果园养猪不仅不影响果树产量，而且可以提高果实品质，且生产的生态猪肉品质好、价格高，可提高果园综合经济效益。

（三）果草蜂复合生态果园模式

养蜂业是集经济、生态、社会效益于一体的绿色产业，符合可持续发展要求，投资少、见效快、周期短、风险小、市场广阔、收益高。蜜蜂是果树授粉的好帮手，在果园中养蜂，既可利用蜜蜂为果树授粉，提高果树坐果率，又可获得价值较高的蜂产品。

蜂产品是劳动密集型产品，在市场上有比较优势，在一定程度上可缓解农村劳动力过剩的矛盾。

蜜蜂具有专门采集花粉的身体结构，其周身可携带花粉。利用蜜蜂进行授粉，可使农作物产量提高20%～30%，还可以提高果品质量。

1.蜂种选择

果园内养蜂最好选择饲养中蜂，因为中蜂出勤率较高，雨后也能及时出巢采蜜，对雨水较多年份的果树花期授粉有利；此外，中蜂善于利用零星的蜜源，可减少饲养成本。

2.草种选择

果草蜂复合生态果园模式应选择花色鲜艳、含花蜜类草本植物种植，如紫花苜蓿、白三叶、柱花草、油菜等，这类植物具有花期长、花色艳的特点。选择的草种花期应与果树花期错开，以延长供蜜蜂采蜜的时间，增加产出。

3.蜂箱排列

蜂箱排列要根据养蜂地点、季节、饲养方式而定。一般可散放或一条龙、圆形及方形排列。如果场地宽敞，蜂箱可以散放，即单箱排列或双箱并列，要求前排和后排的蜂箱错开，各排之间相距1～2米，同排蜂箱之间相距1米左右，以便蜜蜂认巢和方便管理。如果场地较小，或受场地条件限制，可采用一条龙排列法，这种方法只适于平箱群的繁殖期或停产器。

4.养蜂管理

根据各地区的气候和蜜源条件，灵活掌握各季节的蜜蜂生产管理。春季注意促蜂排泄、蜂巢保温、喂饲蜂群、加脾扩巢，注意治螨防病和蜂群数量的控制。夏季防暑、防敌害，给蜂群创造适宜的越夏环境。夏季蜜蜂的主要敌害有胡蜂、巢虫、蛤蟆、蜘蛛、蚂蚁和蜻蜓等。在没有蜜源的地方，或采完一个蜜源，第二个蜜源植物还未开放的一段时间，注意补饲糖浆，喂饲花粉。谨防蜜蜂农药中毒，否则，一旦农药中毒，会造成严重损失。秋季适时培养越冬蜂，做好越冬饲料和防治蜂螨的准备工作。越冬期间要保持蜂群的稳定，预防蜂群前期伤热和后期受冻。

适时收蜂、放蜂：若需用农药防治果树和油菜等蜜源植物的病虫害，宜选择花前半个月或花后喷洒农药。否则应关闭巢门，采取防范措施，避免蜂群中毒死亡。糖分较高的果实，如葡萄等，在未套袋的情况下，果实成熟期宜适当收蜂，避免蜜蜂叮食危害。

图22　果草蜂复合生态果园模式

（四）果草畜/禽沼复合生态果园模式

该模式以沼气为纽带，将果树种植、生草栽培、养殖业相结合，充分利用自然界的光能、热能、生物能和降水、农业废弃物资源等，降低生产成本，减少化肥、农药对环境的污染，形成果草牧沼良性循环的生态果园系统。该模式通过发展山地果树无公害生产，增施生物有机肥提高果品质量；利用幼龄果园行间空间大和山地果园梯壁面积大的特点，套种圆叶决明等优质绿肥或牧草，割草覆盖果园、饲养畜禽或深翻压埋，保墒肥地，防止水土流失；利用果园发展无公害畜禽养殖，集中收集畜禽养殖粪尿及废水等堆沤制肥，再施到果园，为果树生产提供优质有机肥，减少化肥、农药用量，改善果园环境；利用沼气池生产沼气，提供生活用能，并将沼渣、沼液制肥，或将沼渣用于生产食用菌，实现资源的循环利用。

1.果树生产技术

按照果树无公害栽培技术规范要求，引进示范推广的无核瓯柑、潭城桔柚、脆冠梨等果树新特优品种，加强土肥水管理、病虫害综合防治和品牌经营。新植园和幼龄果园做到品种优良，园相整齐，群体及树体结构合理，通风透光良好，树势健壮，负载合理。老果园要进行园改，以节水抗旱，防止水土流失，把原先采用鱼鳞坑种植的果树，根据山坡流水走向，改造成反坡度梯田，并在梯田台前筑前埂，后壁挖竹节沟。春肥、稳果肥、壮果肥、基肥和根外追肥要合理利用沼液、沼渣与复合肥、尿素配施，减少成本投入和农药残留，生产绿色果品。

2.果园种草技术

果园选用的草种应具有易繁殖、耐践踏、生长速度快、覆盖率高、产草量高等特点，如圆叶决明、百喜草、苋菜、藿香蓟、紫花苜蓿、白三叶等。播种前清除果园杂草，用钙、镁、磷肥或草木灰拌种，3 ~ 4月中下旬或秋季播种，可点播或撒播，播后覆盖树盘，播种量视品种而定。出苗后根据墒情及时灌水，追施速效氮肥，生长季前期要追施沼渣、沼液。重点要把握好草的生长与果树生产之间的平衡关系，确保生草效果和果树产量。

3.畜禽养殖技术

按照无公害畜禽养殖技术规范要求，在果园配套畜禽养殖。重点做好畜禽病的防治，禽类要实行分区轮牧，畜禽养殖废弃物要资源化利用，做到绿色无污染。

4.沼气生产技术

沼气池应具备自动循环、强制搅拌、自动破壳、发酵充分、产气率高、可周年使用、出料容易、管理方便等特点，生产的沼气能够满足生活用能，沼液、沼渣可作为优质有机肥供果园使用。

（五）果草畜沼窖复合生态果园模式

果草畜沼窖复合生态果园模式，即以农户土地资源为基础，以太阳能为动力，以自产沼气为纽带，形成以农促牧、以沼促果、果牧结合、配套发展的良性循环生态果园系统。一般以5亩的成龄果园为基本生产单位，在果园内建一个10米^{3}的沼气池，一座20米^{2}的太阳能猪圈，一口40米^{3}的水窖，通过果园种草保墒、抗旱、增草促畜、肥土、改土。

1.主要设施建设

（1）沼气池。沼气池是生态果园系统的核心，起着连接养殖业与种植业、生活用能与生产用肥的纽带作用。在果园中建一口10米^{3}的高效沼气池，不仅可以减少农户生活开支，节约生产成本，还能促进种植业发展，扩大有机肥源，带动养殖业发展，提高果品质量，增加农业收益。

（2）太阳能猪舍。太阳能猪舍应建在沼气池上，可使沼气池在冬季也能正常产气，同时能提高猪舍的温度，有利于猪的发育，缩短育肥时间。利用沼液喂猪增重快，瘦肉率高，抗病力强，可节省饲料的投入成本。

（3）水窖。干旱和半干旱地区宜在果园中建水窖，收集和贮藏地表水（雨、雪）等水资源，供沼气池、果园喷药及人、畜生活用，还可用于果园灌溉，防止缺水时期对果树发育的影响。

2.效益分析

该模式以生产绿色农产品为主线，结合推广果园沼气“五配套”生态模式，以果园为依托，沼气为纽带，使种植、养殖有机结合、协调发展，提高了农业生产的综合效益，实现了对农业资源的高效利用，促进了生态环境建设，提高了果品质量，增加了农民收入。

（1）经济效益。利用一个10米^{3}的沼气池，每年可节约煤电开支约400元，可产沼肥35吨；将沼肥施在果树下，果品产量可提高10%，优果率和商品率可提高25%；用沼液作为饲料添加剂喂猪，猪可提前1个多月出栏，每头猪平均可节省成本50元左右；用沼液喷施果树，既有肥效，还能防治病虫害，减少农药用量，降低生产成本。

（2）生态效益。该模式有利于保护果区环境，防止水土流失，培肥地力，改善土壤理化性状，是果树生物防治病虫害的有效途径。该模式在减少化肥、化学农药用量的同时还能增加果园生物多样性，为防治病虫害创造条件，还能有效地解决农村燃料问题。该模式发展沼气可将人、畜粪便及果园、生活废弃物实现无害化处理，改善了农村环境卫生，减少了疾病传染源，提高了农民生活水平。